国家自然科学基金（62303477、62302509）资助
辽宁省科技厅人工智能领域科技创新项目（2023JH26/10300027）资助

异构无人协同编队目标跟踪优化技术

刘大千　著

中国矿业大学出版社
·徐州·

内 容 提 要

动态目标跟踪在现代无人机技术和智能交通系统中扮演着越来越重要的角色。随着无人技术的迅速发展,以及其在城市环境中的广泛应用,如何有效地进行目标搜索和追踪成为亟待解决的关键问题。本书致力于研发新的基于异构无人平台的协同跟踪新技术,以期提高动态目标跟踪质量。

本书适合从事智能无人系统领域的教师、硕博士研究生及相关专业的本科生阅读。

图书在版编目(CIP)数据

异构无人协同编队目标跟踪优化技术 / 刘大千著. 徐州 ：中国矿业大学出版社，2025. 2. — ISBN 978 - 7 - 5646 - 6658 - 3

Ⅰ. TP393

中国国家版本馆 CIP 数据核字第 2025KP3653 号

书　　名 异构无人协同编队目标跟踪优化技术

著　　者 刘大千

责任编辑 何晓明　何　戈

出版发行 中国矿业大学出版社有限责任公司

（江苏省徐州市解放南路　邮编 221008）

营销热线 （0516）83885370　83884103

出版服务 （0516）83995789　83884920

网　　址 http://www.cumtp.com　**E-mail**:cumtpvip@cumtp.com

印　　刷 苏州市古得堡数码印刷有限公司

开　　本 787 mm×1092 mm　1/16　**印张** 12.75　**字数** 250 千字

版次印次 2025 年 2 月第 1 版　2025 年 2 月第 1 次印刷

定　　价 52.00 元

前　言

动态目标跟踪是智能无人系统研究的重要问题之一，在军事和民用领域均有着迫切的应用需求。随着无人系统技术的快速发展，基于异构无人平台的协同跟踪成为研究热点，其中协同能力是实现多平台高效执行跟踪任务的重要前提，直接决定异构无人平台的协同跟踪效果。然而，无人平台异构性、应用场景复杂性等特点为自主跟踪任务带来了巨大挑战。针对动态目标跟踪的现实需求，需从目标搜索、路径规划、编队优化、定位跟踪四个角度入手，重点解决动态环境下平台调度的合理性、多平台协同规划部署的有效性、异构平台编队跟踪的准确性等瓶颈问题，以使无人系统对复杂跟踪任务环境的适应性更强、响应速度更快、自主能力更高。基于此，本书的研究内容如下：

① 针对未知城市环境中建筑物或不可达区域等因素易造成多无人机协同搜索策略失效的问题，提出未知城市环境下的多无人机协同搜索方法。首先，对城市环境进行建模，其中涵盖密集建筑物群和运动状态多样的目标，以增强目标搜索任务的挑战性。在此基础上，综合考虑无人机编队飞行约束和信息交互能力，构建基于信息共享代价和区域覆盖收益的协同优化模型。最后，根据多无人机协同编队特点，利用群智能方法进行优化求解，保证每架无人机均能得到最优路径可行解，从而提高多无人机协同目标搜索效率。

② 针对城市环境的全局信息难以获取且局部障碍信息具有可变

性、无人平台的续航能力有限等因素影响易导致预先规划的协同路径不可达或失去原有优势的问题，提出基于测距避障的协同路径规划方法，通过搭载红外或激光测距传感器，设计面向障碍区、禁行区等情况的椭圆切线避障机制。在此基础上，针对异构多无人平台的协同行进问题，提出基于固定-弹性双重约束的协同优化方法，利用协同行进规则分析各无人平台应满足的约束条件，从而实时规划无人平台的行进路径。

③ 为克服相似物体干扰、光照变化、背景杂波等影响，提出一种前景约束下的抗干扰匹配目标跟踪方法。该方法联合超像素分割以及 Mean Shift 聚类方法建立鲁棒的判别外观模型。为了避免前景区域中相似物体的干扰，通过抗干扰匹配的决策判定算法提高匹配的准确率。同时，为了对目标的描述更加准确，构建一种在线模型更新方式，当目标发生严重遮挡时在特征集中加入适当特征补偿。

④ 为避免目标形变、局部遮挡等影响，提出一种局部感知下的稀疏优化目标跟踪方法。在粒子滤波框架下，为了充分利用目标的局部特征信息，将圈定的目标区域进行非重叠均匀分割，并加入目标模板集。稀疏跟踪过程中，通过计算候选样本中的局部特征块与目标模板之间的相似性校验稀疏匹配过程。根据目标被遮挡情况，利用遮挡决策方法对遮挡进行检测，保证建立的目标模板集更加完善。

⑤ 为解决目标快速运动、旋转、背景杂波等影响，提出基于定位-分类-匹配模型的目标跟踪方法。该方法将目标的颜色特征与卷积神经网络特征表示相结合，在定位模型中，利用双层卷积网络在搜索区域中计算目标特征得分，并以最大得分特征点为中心进行采样，输出当前帧的候选目标区域。在分类模型中，采用三层卷积网络对候选区域进行类间筛选，计算每个区域的分类得分，得到次优跟踪结果。在

匹配模型中，利用常规颜色特征对次优候选区域进行类内寻优匹配，确定最终的跟踪目标。同时，该方法对定位、分类中的网络进行更新，并对建立的匹配模型进行在线实时更新。

⑥ 针对复杂的跟踪场景中采用固定编队调整方式易造成无人平台位置不可达或撞击受损的问题，提出基于混合特征融合的协同编队优化方法。面向协同编队的视觉感知机制，以异构无人平台协同执行跟踪任务为出发点，提出基于混合特征融合的视觉感知方法，打破基于单一特征匹配识别的局限性，保障目标识别的时效性和准确性。此外，针对无人平台目标识别率低的问题，利用模糊结构元理论设计协同编队策略，依据平台位置生成相应的模糊优化规则，在保证无人平台协同稳定性的同时，增强平台的决策灵活性。

⑦ 针对跟踪场景中相似物体干扰、摄像机图像畸变等因素影响易降低多无人平台协同目标定位准确度的问题，提出空地协同下的动态目标定位跟踪方法。结合空中无人机的目标捕获能力与地面无人车的机动能力和抗干扰能力，提出面向空地无人平台的投影定位算法，根据不同平台的特点设计相应的定位机制。在此基础上，提出了一种双向反馈验证算法，其包含修正定位、辅助监视、引导行进等多层引导决策，以确保每个无人平台都能处于目标的最佳观测位置，以实现跨平台、高效率、高可靠的自主决策。

着眼于城市环境下的动态目标跟踪问题，我提出了一系列从目标搜索到路径规划，再到编队优化和定位跟踪的创新解决方案，以提升多无人协同目标搜索效率和目标跟踪的准确性，通过引入多种技术手段，实现无人平台的高自主决策能力和灵活性，满足实际应用中的复杂需求。

首先感谢所有在我的学术生涯中给予我支持和帮助的人。你们的信任、鼓励和反馈一直是我前进的动力。我要特别感谢我的博士/博士后导师刘万军教授、包卫东教授和朱晓敏教授，你们的指导、建议和耐心帮助使我建立了学术基础。也要感谢所有为我提供研究资源的机构和组织，如国家自然科学基金委、辽宁省科技厅、辽宁工程技术大学等。

我希望这本专著能够为学术界带来一些新的视角和见解。尽管这本专著只是我职业生涯中的一个阶段成果，但我对未来的学术事业充满信心。我期待与更多志同道合的学者合作，共同推动科学的发展。

再次感谢所有支持和帮助过我的人，期待与你们在学术的道路上携手前行。

著　者

2024 年 12 月

目 录

第1章　绪　　论

1.1　选题背景及意义

无人系统是由无人平台及相关设备组成的有机整体。无人平台是无人系统的基础，根据作业空间可分为海、陆、空等多域无人平台。其中，平台又可分为无人机、无人车、无人艇、无人潜航器等多种类型，能够代替人类执行“枯燥、恶劣、危险”的任务。无人平台的技术水平和协同能力直接影响了无人系统性能的先进性[1]。未来无人平台的发展趋势具体表现为：① 由专用向通用、共用方向发展；② 向全天候、长周期的强适应性、高可靠性方向发展；③ 向质量轻、微小型化方向发展；④ 向跨域应用、一体的方向发展；⑤ 面向军用的无人平台向超音速、隐身化方向发展。

随着人工智能、机器视觉技术的快速兴起，无人系统的自主性和实用性得到了较大提升。其中，智能化是无人系统发展的重要方向，是提升无人系统自主能力的主要技术途径。发展智能无人系统不仅会推动现有军事科技的升级与进步，还将带动民用科技的智慧性发展，包括智能交通系统、智慧家居系统、智能制造系统与智能医疗系统等。为了更加科学、快速地发展无人系统，我国工业和信息化部于 2017 年 12 月在印发的《促进新一代人工智能产业发展三年行动计划(2018—2020 年)》中将智能服务机器人和智能无人设备纳入人工智能三年国家战略[2]。2019 年 9 月，由中共中央、国务院印发的《交通强国建设纲要》强调了加强智能网联汽车(智能汽车、自动驾驶、车路协同)研发，形成自主可控、完整的产业链[3]。与此同时，党的二十大报告也指出，“打造强大战略威慑力量体系，增加新域新质作战力量比重，加快无人智能作战力量发展，统筹网络信息体系建设运用”[4]。此外，国际上的其他科技大国也纷纷出台了一系列有关智能无人系统发展的规划与路线，力求在智能无人系统领域的发展中抢得先机，夺取制高点。例如，美国的自主无人系统综合路线图、俄罗斯的国家武器装备计划、英国的国防创新技术框架以及日本的中长期技术规划等。

1.1.1 无人跟踪系统的现实需求

近些年,动态目标跟踪任务由于其涉及方面广泛、复杂程度高、对平台协作要求严格等特征,成为智能无人系统研究的关键热点问题之一,在军事和民用领域均得到了广泛的应用研究。在军事领域,无人跟踪系统能够实现对入侵者的检测、监视、捕获等,提升军队作战设备的智能化程度,逐步实现从辅助作战向新型作战方式的转变。美军在越南战争期间为了减少地面防空火力带来的威胁,尝试使用无人靶机改装的火蜂无人机开展地面侦察活动,同时还使用了地面排雷机器人,开创了无人平台执行战场跟踪任务的先河。在越南战争之后,以无人机、无人车以及无人舰为代表的无人作战在海湾战争、科索沃战争、阿富汗战争、伊拉克战争中也进行了广泛应用,无人跟踪系统扮演了非常重要的角色,检验了无人作战在现代联合作战中的可行性[5]。此外,俄军在两次车臣战争中大量运用航行者-D和熊蜂-1无人机承担侦察跟踪任务,潜入敌纵深实施战役战术侦察,为作战部队提供重要情报。特别是在近期的俄乌战争中,俄研发出了S-70重型隐身攻击无人机,该飞机全长13.6 m,重约22 t,是目前世界上最大的隐身飞机之一。S-70搭载了先进的雷达、光电探测与电子侦查系统,所以整体性能强悍,可以对目标区域展开隐身突防侦察,并对目标进行精准定位而不被对方的防空系统拦截[6]。作为敌对方,乌军无人机同样采用了先进的技术,使其能在指定的基准点航线上低空精准飞行,致使俄空天军战略轰炸机部队驻地贾吉列沃空军基地和恩格斯空军基地两次遭到乌克兰无人机袭击,造成至少一架轰炸机受损,还有车辆和人员损失[7]。由此可见,美、俄等军事强国已预见到未来无人作战的重要性,旨在谋求颠覆性、突破性及压倒性的技术优势,形成未来战场上新的非对称军事优势,以夺取未来战争的战略主动权。

在民用领域,无人平台凭借易部署、安全、便捷等特点,不仅能在消费层面上提供航拍、竞技等娱乐活动,同时在智能交通系统中,运动目标跟踪技术能够提供最实时的交通信息,为安全驾驶提供帮助。目前,民用领域的主要应用为灾害救援、公共安全、智能交通、医疗服务等[8]。特别是中小型无人机,它可以用于城市规划和管理,通过从空中监测交通流量、建筑施工进度等情况提供决策支持。同时,无人机还可以用于消防救援和救灾工作,通过搭载热成像摄像头,实时监测森林火灾位置和灾情蔓延,为消防人员提供准确的指引。此外,目标跟踪无人机还可以用于环境保护,监测野生动物迁徙和栖息地变化,为保护工作提供数据支撑。例如,2021年6月,昆明市政府利用12架无人机设备针对亚洲象群迁移开展应急布防,充分应用无人机红外、激光测距等功能优势来实现科学作业,发挥最大效能，24 h进行不间断监测、跟踪，更好地呈现了许多日常罕见的象群习性及生活细节[9]。2023年6月，兰州交警携复压智能公司开发了无人机全自动飞行系统，有效实现了对高速公路路况的及时巡逻、4K高清视频低时延实时动态回传，及时发现隐患问题，对交通违法行为实时监控、跟踪、抓拍，并通过喊话系统及时劝阻纠正、消除隐患[10]。

综上所述，无人跟踪系统已成为现代战争的重要组成部分，世界主要军事强国均高度重视无人跟踪技术在军事领域的应用。在未来，无人系统将深刻影响作战方式，颠覆战争规则。而无人跟踪系统作为前沿科学技术（如人工智能、智能机器人、智能感知、智能计算等）的集成者，其体现了一个国家科技实力的发展水平。所以，在无人跟踪系统领域开展研究能极大地推动现有军事、民生领域的发展。

1.1.2 无人跟踪系统的瓶颈问题

无人跟踪系统由于其无人化、自主性、智能性等优点，将出现在未来人类生活的各个角落，而随着其承担任务的增多、任务场景多样化以及无人平台易损毁等问题的出现，智能无人跟踪系统将面临多项关键性的难题，使其发展受到制约。系统面临的关键性难题主要有：

① 环境高度复杂。无人系统具体的应用环境将面临越来越多的要素，非结构化环境下遮蔽物众多、感知视点及范围受限等对智能无人系统的环境感知能力提出了更高的要求。特别是针对运动目标跟踪问题，视野范围、观测角度、计算能力等限制，易导致无人平台发生错误识别而丢失目标。为解决无人系统在高度复杂环境下执行跟踪任务的难题，需要提高平台的自主作业能力，涉及自主环境感知与交互方法、机器人自主运动规划方法以及自主作业方法等，以提升无人系统个体的自主环境建模与定位能力、自主决策能力、自主规划能力及自主控制能力，使智能无人系统能够适应复杂的环境并开展自主跟踪作业。

② 跟踪持续性强。运动目标跟踪是一个长时间持续任务，随着所承担跟踪任务的复杂性不断增加，单无人平台在载荷、续航等方面的负担持续加剧，逐渐暴露出任务执行能力差、效率低、灵活性差等问题。与此同时，环境干扰等因素易造成无人平台受损或损毁，难以保证跟踪任务的持续执行。为解决这些问题，需要提高无人系统的跨域协同作战能力，以弥补单一平台能力的不足。可通过同域多机协同、跨域协同等方式，将各个平台进行优势互补。即利用空中无人平台的搜索范围大、通信距离远等优点，以及陆地无人平台与海洋无人平台续航时间长、稳定性强等优点，将不同组件的优势进行组合，从而提高智能无人系统完成复杂任务的能力。

③ 响应实时性高。在复杂战场环境下跟踪任务具有突发性,已定的任务调度方案无法适用于变化后的任务场景,易造成任务完成率低、无人平台利用率低的问题。在未来战场中,由于作战态势变化剧烈,交战方式将更加灵活多变,需要及时应对战场突发事件,对无人系统的实时响应能力提出了新的要求。为实现对跟踪任务的高实时响应,需要增强无人系统的个体认知智能,综合获取的多源传感信息使系统具备人类的语义理解、判断分析、决策规划等能力。通过结合知识图谱、人工智能、知识推理、决策智能等技术来实现获取信息的智能理解与准确运用,从而提升无人系统的高实时响应能力。

④ 信息不完整。当跟踪环境中出现大范围的障碍区或雷达干扰等不可达区域时,无人平台须设计实时的避障策略。由于目标位移是动态变化的,所以无人平台易因避障而无法"再跟踪"目标。特别是在军事领域,受战场环境的限制以及敌方干扰,智能无人系统的信息获取能力将会受到制约,从而造成态势感知不完备、战场态势信息数据丢失与衰减,导致无法完整获取敌我双方的信息。为解决无人系统在战场上面临的信息不完整难题,需要增加无人系统的多维空间信息感知能力和数据信息保障能力,构成异质多自主体协同系统,从而提高无人系统信息保障能力。

基于上述面临的难题,未来无人跟踪系统的发展将不仅仅集中在单平台能力增强方面。如何有效组织多平台协同跟踪将是这一方向的热点研究问题,即在增强单平台环境感知能力的同时通过通用化架构提升互操作性,加入平台间的信息交互与共享,实现快速、准确地跟踪,具有十分重要的研究价值。

1.1.3 异构多平台协同为动态目标跟踪提供一种新模式

目前无人系统的智能化水平有限,面对复杂多变的恶劣环境,单平台难以自主完成指定跟踪任务。具体原因如下:在恶劣环境中,目标跟踪任务通常具有高度多样性和复杂性,多种信息要素相互交织,如空中无人平台搭载传感器受到飞行速度和高度的限制越发突出。同时,空中环境的不确定性导致难以准确识别和定位地面目标,因此单无人平台难以完成跟踪任务,多无人平台协同成为必然选择。

近年来,各种类型的智能无人系统大量涌现,世界各强国已经逐步将智能无人系统部署到军队中,并且在一些地区冲突、反恐战场中,基于多平台协同的无人系统的关键作用日益增强。单个空中无人平台在执行任务时容易被干扰和打击,从而导致任务失败,而空中无人机集群则可以弥补这一缺陷,更大程度地发挥空中无人系统的优势。美国国防先进研究计划局(DARPA)针对空中无人系统集群先后启动了"小精灵"低成本无人机项目、低成本无人机集群项目、"山鹑"

微型无人机机载高速发射演示项目、进攻性蜂群使能战术项目等，通过开发和测试用于无人系统集群的体系架构、通信系统以及分布式控制算法，发展了无人机集群自主控制系统，并利用人工智能、态势感知、虚拟现实及增强现实等前沿科学技术，提升了空中无人系统集群在战场上的综合作战能力[11-12]。

然而，由于战场地面环境要素更为复杂，所以空中无人平台无法精确地识别、定位地面移动目标。地面无人平台虽然能够较准确地识别、定位地面目标，但无法快速移动或穿越建筑物和栅栏等障碍物，且通信链路面临较多阻碍。在美国发布的《2013—2038财年无人机系统综合路线图》中，无人地面系统的任务重点仍旧被限制在爆炸物清除、情报侦察、后勤保障与运输等方面。目前，基于单域平台的无人系统均有其自身的局限性，在一定程度上限制了其执行任务的效率。然而，空中无人平台与地面无人平台在速度、传感、通信以及有效负载能力等方面具有显著的互补性。在这种情况下，针对地面移动目标而言，空地协同为陆空无人平台的有效应用提供了新的模式。

近年来，世界各大军事强国已纷纷展开关于空地协同下的动态目标跟踪研究[13]。英国BAE公司正在开发基于空地联合的未来概念性作战系统——“黑骑士”无人坦克配合空中无人机，在极度严苛的战场环境中协同执行识别与跟踪任务。其中，无人机不仅能够检测和跟踪目标，还能依靠自携武器进行自主攻击。该空地联合无人作战系统不仅可以消除威胁士兵安全的因素，最大程度减少战斗人员的伤亡，更是为未来UUC(UAVs-UGVs-Controller)“三位一体”的战场警戒与巡逻打下坚实基础。此外，iRobot公司和CMU机器人研究所开发了过航点导航技术，依靠单一的操作控制单元同时控制Raven小型空中无人平台和PackBot地面无人平台，并通过Raven-PackBot自主协作达到识别和跟踪移动目标的目的。在任务预想中，后方操作人员首先使用导航卫星调查感兴趣区域，并对选定的目标进行地理定位。随后，Raven与PackBot将共享这一目标位置，通过实施分散控制和数据融合，实现两者自主地协作检测、跟踪目标。我国成都飞机工业集团研制的“翼龙”系列无人机具有全自主水平起降能力、巡航飞行能力、空地协同能力与地面接力控制能力等，搭载多型光电/电子侦察设备以及小型空地精确打击武器，可以执行情报侦察、目标跟踪、火力打击等任务。

综上所述，以异构多平台协同增强执行动态跟踪能力的前景越发可观。然而，目前无人平台的自主性处于“弱智能”阶段，无人平台协同感知、决策、控制能力略显不足，逐渐暴露出灵活性差、环境感知能力差、任务执行能力差等问题，无人系统存在态势把控难、实时信息交互慢等问题。传统的无人系统在态势感知、资源整合、组织协同等方面的缺陷直接制约了无人平台协同执行跟踪任务的完成率和时效性。因此，如何有效地组织、管理无人平台，实现异构多平台自主协同跟踪具有十分重要的研究价值。

1.1.4 无人跟踪系统的研究意义

面向动态目标跟踪的异构无人平台协同是无人系统应用领域中极为重要的研究课题之一。当前针对无人系统的研究尚处于起步阶段，本书围绕面向动态目标跟踪的多无人平台协同编队优化展开研究，具有十分重要的科学意义及实践价值。

(1) 对促进协同优化理论发展具有重要的科学意义

近年来，面向无人跟踪系统的相关研究层出不穷，提出了一系列优秀的算法，但仍面临跟踪目标与平台、平台与平台之间的高度互操作和互理解性等诸多挑战，亟须在协同优化决策、临机及时响应等方面获得理论突破。

首先，面向未知城市环境，如何快速自主发现区域内目标是无人系统所要考虑的首要问题。搜索方案的优劣将极大地影响无人平台执行跟踪任务的效能。其次，在多平台自主协同执行任务过程中，编队轨迹规划是关键的一环。在不断变化的任务环境中，具有自主决策的无人系统才能快速高效协同地完成任务。面对复杂多变的任务环境，单无人平台由于自身侦察范围有限，所以难以规划有效路径。因此，实时规划多平台协同行进路径，以保持无人系统的高机动性和避障功能，是完成目标跟踪任务的瓶颈问题之一。

此外，快速临机决策是保证跟踪任务质量、提高无人平台效率、减少总任务执行时间的有效手段。未知环境中充满动态不确定性、突发性和复杂性等特征，导致预先规划方案难以适用于实时复杂环境。因此，如何在任务完成的前提下，最大限度地提升无人平台的利用率，是多平台协同目标跟踪所要面对的重要问题。

本书以提升动态目标跟踪准确率和多平台编队协同能力为目标，着力开展异构多平台协同编队优化研究，理论方法涉及计算机视觉、系统工程、自动化等多学科的交叉融合，有望丰富智能无人系统研究的基础理论，突破现有协同优化技术的发展瓶颈，推动多学科问题的研究发展，对提高无人系统的跟踪性能具有重要的科学意义。

(2) 对智能无人系统发展建设具有重要的实践意义

本书所研究的问题是使无人系统走向智能、走向实用的重要基础性问题。通过对协同优化决策、编队路径规划、临机及时响应等问题的研究，能够极大提升无人平台的任务响应能力，进而提升无人系统的协同优化能力，促进无人系统在军事和民用领域的广泛应用。

在军事领域，采用智能无人平台作为战役战斗的决策实施者，不仅能够避免作战人员的伤亡，而且还能利用无人平台自身的决策信息，准确、及时、详细、直观地获取实时战场态势信息，使战场变得已知和透明。而无人自主任务规划可以极大提高作战装备的响应能力，满足作战需求，将使战场形态发生划时代的变革。具体来讲，具有以下应用前景：

① 提供无人作战自主协同能力支持。对于复杂多变的战场环境，采用事先制订协同方案的方式容易导致协同不及时或不可行等问题，使得多平台协同作战无法发挥最大的作战效能。

② 提供更科学的作战决策信息支持。战略战役的胜利在很大程度上取决于作战决策的正确性与时效性。现代化无人战争要求无人平台能够在短时间内全面了解战场情报的状态信息，并据此制订无人系统的精确利用方案，做出合理的指挥决策。本书提出异构多平台协同优化算法，通过对作战环境建模仿真，优化求解多种部署方案，为准确高效的作战决策提供信息支持。

在民用领域，自动驾驶、道路交通监控、疫情防控无人化、公共安全管理等应用已初现端倪。其中，自动驾驶是一个非常受欢迎的研究领域，它探索的是自动驾驶车辆的自主性和智能性的根源。2016—2021 年，仅电气电子工程师学会(IEEE)就发表了 43 000 多篇关于自动驾驶主题的会议论文和 8 000 多篇期刊(包括杂志)论文。然而，异构无人平台间的协同一致性尤为重要，而目前采用事先制订的方式容易导致响应不及时或不可行问题，使得多无人平台一体化任务部署相对困难。本书提出的路径规划与编队跟踪方法，考虑实施环境的高度动态性，设计不同的协同规则，并实时采取相应的协同动作，可为未来的无人智能协同提供有效的科学依据。

1.2　国内外研究现状

近年来，无人系统技术发展迅猛，正迅速在不同的领域进行应用，逐渐深入人们的生活和工作之中。然而，关于无人平台的应用大部分均为“人为主导，无人辅助”的服务模式，更多的是研发无人平台单体的性能，而未涉及多平台协同的“智能性”。特别是围绕“目标跟踪”这一主题，目前研发的无人系统缺乏对平台协同执行任务的有效支持，即缺乏自主执行跟踪任务的能力。其主要原因之一在于多无人平台协同方面还存在不足，特别是在目标搜索、路径规划、编队跟踪方面的研究还存在短板，难以发挥多无人平台的整体智能性。下面从这三个方面对国内外研究现状及发展动态进行分析。

1.2.1 多平台协同目标搜索方法

随着智能无人技术的快速发展，具有便携、成本低、机动性强等特点的无人平台备受关注，已成功应用于智能交通、农业灌溉和战场侦察等应用领域。特别是在智能交通领域，以城市环境为背景的多平台协同组织与优化成为学者研究的热点问题之一，其在行人监控、车辆跟踪和道路管理中起着关键作用[14]。

目前，多平台协同目标搜索主要集中于静态路径规划和动态路径规划两个方面。其中，动态路径规划又可分为分布概率预测和群智能决策两类方法，并在近些年涌现出了许多优秀的研究成果。

在静态路径规划方面，Nielsen 等[15]针对搜索区域边界复杂且区域包含多个障碍物问题，提出了一种凸分解方法，可有效提高区域覆盖搜索的效率。谢朋志等[16]将搜索区域进行等面积划分，并利用人工势场法计算各无人机的飞行路径。戴健等[17]将多机协同搜索问题转化为子区域上的单机搜索问题，实现了对指定区域的快速搜索。Wu 等[18]设计了一种基于连续检测策略的无人机紧急路径规划算法，使无人机能够飞到指定区域并完成对该区域的完全覆盖。在此基础上，他们还将无人机协同路径规划问题转化为大规模的 0-1 优化问题[19]，并利用混合智能算法求解该问题，从而提高了搜索任务的执行效率。Zhu 等[20]提出了一种基于博弈论的分布式接入点选择算法，利用该算法指导用户自主选择基站或无人机作为接入点，并采用基于深度强化学习的方法求解无人机路径规划子问题，指导无人机在每个位置采取最优的行动。

在分布概率预测方面，Yu 等[21]使用目标概率图(target probability map，TPM)来描述目标存在于任务区域特定位置的可能性，并建立了基于概率的搜索动态已知目标的决策方法。吴岸平等[22]提出了不确定环境下无人机区域目标搜索方法，并建立了基于二维离散网格的无人机区域搜索模型，采用概率地图描述目标信息的实时获取与更新，通过使用蒙特卡洛方法验证了区域搜索方法的有效性。杨春宁等[23]提出未知区域无人机协同搜索方法，该方法实现了对未知区域的搜索覆盖面积和搜索时间的优化部署，并基于概率地图信息更新融合的协同搜索策略实现了无人机自主协同控制。刘重等[24]建立了包含建筑信息的数字信息素地图(digital pheromone map，DPM)，用于对搜索区域环境的感知。肖东等[25]在 DPM 的基础上设计了调度信息素，提高了多无人机的协同搜索能力。Tang 等[26]提出了一种基于矢量信息素的目标搜索方法，通过信息共享对当前时刻的 DPM 进行实时更新，从而实现了更高效、更准确的目标搜索。黄杰等[27]在目标分布概率图的基础上引入标志位，并利用遗传算法进行优化求解，结果表明该方法在保证多无人机飞行路径可行的前提下提升了目标搜索的效率。Liu 等[28]提出了一种基于回访机制的协同搜索覆盖算法，通过限定信息素传播与挥发系数而达到较高的搜索效率。

在群智能决策方面，Yao 等[29]针对城市环境下的目标搜索与跟踪问题进行建模，并利用改进的灰狼算法(improved grey wolf algorithm，IGWO)进行优化求解，从而为无人机编队规划出更加准确的飞行路径。Perez-Carabaza 等[30]提出了一种基于蚁群优化(ant colony optimization，ACO)的无人机编队搜索方法。他们还设计了一种基于最短时间搜索的优化机制，使得 ACO 能够快速获得高质量的水平直线分段无人机飞行轨迹。为了解决未知目标搜索问题，Purbolingga 等[31]利用信息素修正 ACO 算法搜索方式，从而提高了算法的搜索效率。Zhen 等[32]利用人工势场和蚁群优化相结合的方法，提出了一种基于人工势场和蚁群优化相结合的无人机群协同任务规划方案，建立了包含 4 种目标运动模型的环境概率地图，并通过改进蚁群算法实现了多无人机的实时动态决策，在不确定动态环境中得到了较好的搜索结果。在粒子群优化(particle swarm optimization，PSO)方面，Saadaoui 等[33]提出了一种基于局部 PSO 的多无人机协同搜索优化方法，并利用贝叶斯理论进行更新，从而提高了多无人机协同搜索效率。然而，这些优化方法受搜索环境影响较大，易陷入局部最优解，导致无人机编队聚集在某一区域搜索，降低多机协同目标搜索准确率。

现有的研究方法在静态路径规划和动态路径规划方面均取得了较好的搜索结果。然而在现实城市环境中，仍然存在以下问题亟待解决：① 无人机的视野范围有限，易因城市区域过大导致目标难以发现，致使编队搜索执行周期较长的问题；② 面对目标运动状态多样的问题，特别是在未知城市环境中，现有的协同编队策略无法满足搜索区域的均匀覆盖，易造成目标遗漏问题。因此，针对如何动态、高效整合多平台搜索的关键因素，保证异构无人平台协同动态目标发现的时效性，须在协同搜索机制上进一步开展深入研究。

1.2.2 多平台动态路径方法

无人平台的路径规划是在编队安全、稳定控制等众多条件下，权衡跟踪系统自身性能限制和外部环境因素，为无人平台规划出一条最佳(最小代价)行进路径，确保预定的跟踪任务顺利完成[34]。路径规划的目的是充分利用地形地貌等信息，在规避障碍物干扰的情况下，规划出无人平台生存概率和航程综合效能最优的行进路径。路径规划是无人平台协同跟踪系统功能的一部分，并占有非常重要的地位[35]。长期以来，由于受到多方面条件的限制，路径规划主要依靠规划人员的手工操作。但是这种方式的效率较低，并且在高威胁环境下其形成的路径难以达到要求。目前较为流行的路径规划主要围绕基于启发式和基于强化学习两个方面展开研究。

在基于启发式的无人平台路径规划方面，Li 等[36]提出了一种两级文化基因算法求解无人机和无人车的路径规划问题，该算法在非法城市建筑探测任务方面取得了较好的路径规划结果。Chen 等[37]设计了一种基于聚类的路径规划算法，将区域划分为簇，并实时计算各无人机在相邻时间段内的近似最优路径。Radmanesh 等[38]设计了一种基于偏微分方程的分散式无人机三维轨迹生成方法，并选取三架无人机进行了试验验证。Duan 等[39]提出了一种动态离散鸽群优化算法规划多无人机协同搜索轨迹，该算法利用贝叶斯理论构造并更新概率图来指导后续搜索运动，提高了无人机编队的搜索效率。Li 等[40]以森林火灾预警监测为背景，研究了扫描覆盖中的最小时间最大覆盖问题，并提出了一种考虑目标权重和无人机性能约束的启发式算法，利用加权目标扫描覆盖寻找最优路径。

在基于强化学习（reinforcement learning，RL）的无人平台路径规划方面，Hong 等[41]提出了基于 RL 的多无人机节能路径规划方法。该方法利用 RL 训练无人机运动模型，以充分考虑无人机的连续和广阔的动作空间。在此基础上，他们设计了帧堆叠策略，以保证模型训练的快速收敛，实现实时避免路径上的障碍物干扰。Guo 等[42]提出了一种基于 Q-learning 的无人机路径规划算法，以提高密集障碍环境下单无人机路径规划的效率。该算法通过构建空间动作状态离线学习规划架构，实现了无人机的快速路径规划。针对多无人机同时到达目标点的问题，尹依伊等[43]提出了基于 Q-learning 算法最优航迹规划方法，利用 Q-learning 算法得到的经验矩阵快速解算各无人机的最短航迹和协同航程，从而得到各无人机满足时间协同要求的飞行航迹组。此外，Chang 等[44]提出了一种基于 RL 的多无人机路径规划方法，旨在提升无人机编队的服务质量。周文娟等[45]提出了一种基于强化学习的搜索与救援优化算法，利用强化学习模型将所有无人机在威胁区数量、位置和大小均随机生成的动态环境中训练。该方法能够为无人机规划出更加经济且安全有效的可行路径。

无人系统对路径规划的实时性、准确性要求较高，以便无人平台能够及时、准确地到达指定跟踪地点。虽然现有的路径规划算法能够充分考虑转弯半径、转弯次数以及路径距离最短等优化指标，但仍存在以下关键问题待解决：① 由于各无人平台间的异构性，如何根据平台自身特点设计高效的路径规划策略。② 当部分平台偏离规划轨迹后，如何实时设计路径优化方案，及时调整无人平台的行进轨迹。因此，面对上述问题，如何提高无人跟踪系统的任务执行率和协同效率，仍需要开展进一步研究。

1.2.3 多平台编队优化方法

与无人平台的路径规划不同，协同编队是指在目标跟踪的过程中，无人平台根据当前所处环境、目标状态等信息实时调整编队的队形、观测角度，从而顺利完成所分配的跟踪任务。通过协同配合，多无人平台编队相比单平台具备更强的感知能力、任务执行能力以及容错能力，是无人技术发展的必然趋势。近些年，一些专家学者在目标定位算法、编队优化等方面展开研究，并取得了较好的研究成果。

在目标定位方面，Chen 等[46]提出了一种基于二维激光信息的启发式蒙特卡洛算法，用于无人车的实时定位和映射，从而提高了机器人在复杂室内环境中的定位精度。为了解决三维定位问题，Jiang 等[47]应用贝叶斯压缩感知方法，利用收集的数据估计目标的位置。同时，他们设计了一种基于轨迹规划的估计算法来优化目标定位结果。Esmailifar 等[48]研究了无人机的协同定位算法，该算法使用递归贝叶斯估计器和搜索制导律，在存在噪声和不确定性的情况下对运动目标进行定位。为了实现目标定位和导航，Wang 等[49]提出了一种基于加权子空间拟合的多无人机协同定位方法，并开发了一种包含无人机和单基地多输入多输出雷达的系统架构，以实现对海洋目标的精确定位。此外，Uluskan[50]提出了一种非因果轨迹优化方法，在多无人机的纯距离目标定位中获得了优越的性能。Sivaneri 等[51]提出了一种用于改进定位的空地协同方法，该方法使用了局部贪婪策略和差分扩展卡尔曼滤波器，从而缓解了无人机 GPS 定位几何条件差的影响。在自主定位方面，Zhang 等[52]提出了室外环境下的空地协同定位，无人机首先绘制了感兴趣区域的地图，并将 2.5D 地图传输给无人车，而无人车根据该地图实现了无人机的姿态估计。Qin 等[53]提出了一种用于自主探索的集成车辆系统，该系统包括两层策略：① 底层进行 2.5D 同步定位和测绘，以使用无人车生成粗环境模型；② 上层由无人机进行补充三维测绘。

在无人编队机制方面，Wu 等[54]提出了基于空地协同的路径规划方法，该方法将任务完成时间和行进距离作为目标函数，并设计了基于分布估计算法和遗传算法的混合优化算法进行求解，仿真结果证明了混合优化算法能够极大地提高求解质量和稳定性方面的性能，从而完成对指定区域的完全覆盖。为了快速形成目标编队，Zhang 等[55]提出了一种基于后退法的协同制导控制方法，令一架无人机作为虚拟领头机，以其前进方向作为编队的前进方向。利用引导的方式建立了各跟随器的误差动力学模型，并基于图论建立跟随无人机之间的通信模式。王寅等[56]针对无人机编队中的最优重构问题开展研究，利用无人机飞行动力学特性和重构航迹代价建模，并提出一种内点优化算法求解该模型的解。

Alfeo 等[57]为提升未知环境下多无人机执行目标搜索任务的自主性和协同性，提出了基于群体行为的多无人机协同优化方法。该方法以群体行为为基础，设计了面向生物激发的元启发式算法，并构建了鲁棒的编队控制和动态环境信息共享机制，从而提升了多无人机协同任务执行能力。此外，由于无人机网络的移动性和拓扑变化的动态性，快速调整路由以适应拓扑变化是无人机网络的关键组成部分之一。Hong 等[58]在机群形成控制与网络拓扑关系的基础上，提出了一种主动拓扑感知的跟踪方案，结果证明了该方案显著降低了平均时延，提高了网络路由的性能。面向多机协同定位和跟踪问题，Zhou 等[59]构建了包含单个点云地图和所有机器人轨迹估计的全局一致地图，从而完成目标的精准定位。考虑到应急信息的快速收集和可靠传输问题，Huang 等[60]提出了一种考虑航迹点的无人机路径规划框架。在该架构中，航迹点规划通过联合优化无人机和用户设备的三维位置和发射功率，最大限度地提高了上下行数据传输的可靠性。

上述研究均假设目标已在平台的监视范围内或任务区域的全局信息已知，然而这并不符合无人跟踪系统的实际应用需求。待解决的问题主要为：① 在目标跟踪的过程中，如何处理相似物体干扰问题，以保证特定目标的准确定位、跟踪，目前还没有很好的解决方案。② 在多平台协同跟踪过程中，如何平衡处理能耗、观测位置及运行效率等因素，提升编队飞行的持续稳定性问题。因此，面对上述问题，如何在保证目标识别准确性的条件下，提高协同的稳定性、灵活性和容错能力，仍然有待进一步开展研究。

1.3 研究内容与目标

1.3.1 研究内容

在复杂多变的外部环境下，面向动态目标跟踪的异构无人平台协同优化问题，分别从目标搜索、路径规划、视觉跟踪、编队优化四个方面开展探索性研究，主要研究内容及相互关系如图 1-1 所示。

(1) 基于群智能算法的协同目标搜索方法

在城市环境中，建筑物或不可达区域等因素的影响易造成多无人机协同路径规划策略失效，从而导致目标搜索任务的失败。针对此问题，本书提出未知城市环境下的多无人机协同搜索方法。首先，对城市环境进行建模，其中涵盖密集建筑物群和运动状态多样的目标，以增强目标搜索任务的挑战性。其次，在此基础上综合考虑无人机编队飞行约束和信息交互能力，构建基于信息共享代价和区域覆盖收益的协同优化模型。最后，根据多无人机协同编队特点，利用群智能

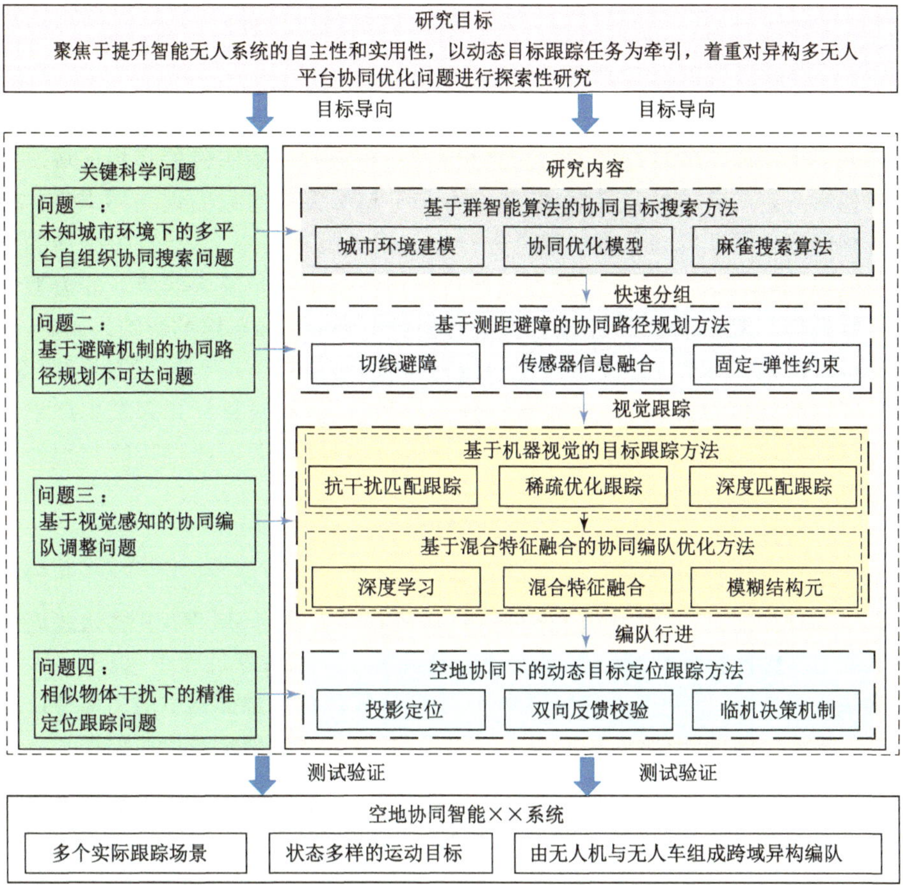

图 1-1 研究内容及相互关系

方法进行优化求解，保证每架无人机均能得到最优路径可行解，从而提高多无人机协同目标搜索效率。

(2) 基于测距避障的协同路径规划方法

未知城市环境中存在大量禁行区和障碍区，无人平台在协同执行任务的过程中不仅需要绕开这些区域，而且还要保证任务的完成率。因此，本书重点研究异构无人平台协同路径规划问题，通过搭载红外或激光测距传感器，实时感知无人平台行进路径的周围环境，并设计面向障碍区、禁行区等情况的椭圆切线避障机制。在成功躲避的前提下，确保无人平台的整体行进位移最优，以提高系统对分配任务的保障能力。在此基础上，针对异构多无人平台的协同行进问题，提出基于固定-弹性双重约束的协同优化方法，利用协同行进规则分析各无人平台应满足的约束条件，从而实时规划无人平台的行进路径。

(3) 前景约束下的抗干扰匹配目标跟踪方法

面向复杂场景中相似物体干扰、光照变化、背景杂波问题，首先在前 m 帧图像序列中使用简单的模型匹配算法进行跟踪，确定前几帧图像的目标区域。利用超像素分割所获得的目标区域，建立由若干超像素块组成的训练样本集。将具有相同颜色特征的超像素块集合进行均值聚类组建簇集合，计算每个簇的置信度概率，建立初始判别外观模型。然后利用基于 LK 光流法框架下的模型匹配寻找最佳匹配块，引入高斯噪声模型防止强光照对目标跟踪的影响。同时，该方法引入决策判定避免前景区域中相似物体的干扰，进而实现精确的目标跟踪。最后利用 EM 模型估计下一帧图像的前景参数信息，并对目标是否发生严重遮挡进行判断，若发生遮挡，则在特征集中加入适当补偿，即可获得新的判别外观模型，保证更新的外观模型的准确性。

(4) 局部感知下的稀疏优化目标跟踪方法

面向复杂场景中目标形变、遮挡问题，在粒子滤波框架下，为了充分利用目标的局部特征信息，将首帧确定的目标区域进行非重叠均匀分割，并将这些局部特征块与目标的整体特征一起加入目标模板集。稀疏跟踪过程中，提出一种局部感知校正方法，即利用具有相同颜色、纹理特征计算候选样本中的局部特征块与目标模板之间的相似性，校验稀疏匹配跟踪过程，从而确定最优匹配样本。最后在模板的更新中，提出遮挡决策方法对遮挡进行检测，根据目标被遮挡情况采取不同的更新方式，使得建立的目标模板集更加完善。

(5) 基于 CNN 的目标跟踪方法

面向复杂场景中目标快速运动、旋转、背景杂波问题，设计基于卷积神经网络的目标跟踪方法，该方法包括定位、分类、匹配三个模型。在定位模型中，设计双层卷积网络根据前一帧目标的位置信息估计生成若干个当前帧的候选目标区域。在分类模型中，采用已训练的 CNN 特征对候选区域进行类间筛选，排除无关类别物体的干扰。在匹配模型中，利用双向相似匹配方法计算候选目标区域与建立的目标模型之间的相似性，从而完成类内寻优过程。与此同时，对三个模型进行在线更新，保证跟踪的准确性。

(6) 基于混合特征融合的协同编队优化方法

在不确定环境中，基于多无人平台协同跟踪目标是重要的解决方式。本研究面向协同编队的视觉感知机制，以异构无人平台协同执行跟踪任务为出发点，利用深度学习网络框架进行目标识别，并设计多样的自组织协同策略。然而相似物体干扰易对深度网络造成影响，因此提出基于混合特征融合的视觉感知方法，打破基于单一特征匹配识别的局限性，保障目标识别的时效性和准确性。此外，针对无人平台目标识别率低的问题，利用模糊结构元理论设计协同编队策略，依据平台位置生成相应的模糊优化规则，在保证无人平台协同稳定性的同时，增强平台的决策灵活性，进一步提高持续跟踪的准确性和容错能力。

(7) 空地协同下的动态目标定位跟踪方法

在实际目标跟踪应用中，精准识别和高效协同是多无人平台动态跟踪的基础前提。为了提高任务执行的可靠性和稳定性，本研究结合空中无人机的目标捕获能力与地面无人车的机动能力和抗干扰能力，提出空地协同下的移动目标定位跟踪方法，旨在提高空地协同定位的准确性。由于空地无人平台的异构性，引入平台的目标识别率作为决策因素，保证移动目标定位的准确性。在此基础上，提出了一种双向反馈验证算法，其包含修正定位、辅助监视、引导行进等多层引导决策，以确保每个无人平台都能处于目标的最佳观测位置，实现跨平台、高效率、高可靠的自主决策。

1.3.2　研究目标

本书致力于提升智能无人系统的自主性和实用性，以动态目标跟踪任务为牵引，着重对异构多无人平台协同优化问题进行探索性研究：① 面向未知城市环境下的目标发现问题，提出基于群智能算法的协同目标搜索方法，为异构无人平台协同完成跟踪任务提供基础前提；② 研究未知环境下无人平台路径不可达问题，设计规划策略实时优化无人平台的行进路径，为异构无人平台协同跟踪提供服务支持；③ 研究协同跟踪的编队调整问题，提出基于机器视觉的目标跟踪方法和基于混合特征融合的视觉感知编队跟踪方法，为异构无人平台协同跟踪提供技术导向；④ 研究异构无人平台间的自组织协同决策问题，提出空地协同下的动态目标定位跟踪方法，为异构无人平台协同跟踪提供效能保障。通过本书的研究，有望提升异构无人平台的自主协同跟踪能力，同时为无人系统走向智能化提供理论支撑和技术保障。

1.4　本书结构安排

本书跟踪国内外相关研究进展，总结归纳面向动态目标跟踪的异构无人平台协同方法研究现状、不足及发展趋势，进而有针对性地开展相关技术研究。首先，以科学问题为导向，研究异构无人平台间的自组织协同搜索问题，设计基于共享代价和覆盖收益双重指标，以保证异构平台的协同搜索能力和区域覆盖能力。此外，针对无人平台路径不可达问题，提出面向异构平台的协同路径规划方法，并在遂行跟踪任务过程中提出基于混合特征融合的视觉感知协同编队方法，保证协同跟踪的准确性。其次，从视觉感知出发，研究复杂场景下的特定目标跟踪问题，其场景复杂性主要涉及目标形变、遮挡、快速运动、光照变化、相似物体干扰、背景杂波等问题。针对这些问题，围绕复杂场景下匹配寻优目标跟踪，以抗干扰匹配跟踪、稀疏优化跟踪以及基于深度模型跟踪方法为对象开展研究。在此基础上，从视觉感知和多层决策的角度，提出了一种空地协同定位跟踪方法，解决异构无人平台的自主决策等级。本书的结构安排如图 1-2 所示。

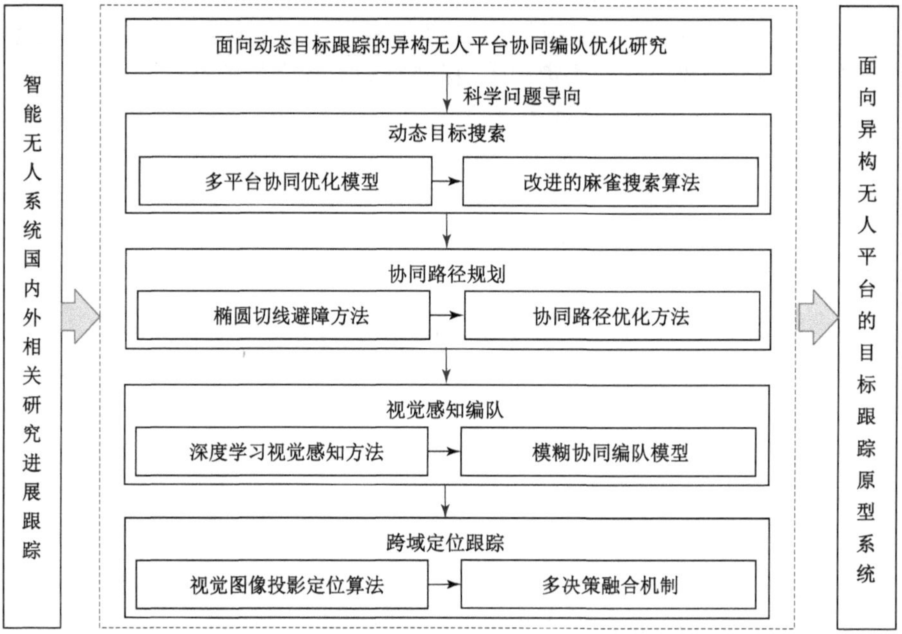

图 1-2　本书结构安排

第 2 章　基于群智能算法的协同目标搜索方法

随着智能无人技术的快速发展，具有便携、成本低、机动性强等特点的无人机备受关注，已成功应用于智能交通、农业灌溉和战场侦察等领域[61-62]。特别是在智能交通领域，以城市环境为背景的多无人机协同组织与优化成为学者研究的热点问题之一，其在行人监控、车辆跟踪和道路管理中起着关键作用[63]。因此，本章从城市建模角度出发，主要研究多无人机协同目标搜索问题。在城市环境中，建筑物或不可达区域等因素的影响易造成多无人机协同路径规划策略失效，从而导致目标搜索任务的失败。针对此问题，提出未知城市环境下的多无人机协同搜索方法（multi-UAV cooperative search，MUCS）。首先，对城市环境进行建模，其中涵盖密集建筑物群和运动状态多样的目标，以增强目标搜索任务的挑战性。其次，在此基础上综合考虑无人机编队飞行约束和信息交互能力，构建基于信息共享代价和区域覆盖收益的协同优化模型。最后，根据多无人机协同编队特点，利用群智能方法进行优化求解，保证每架无人机均能得到最优路径可行解，从而提高多无人机协同目标搜索效率。

2.1　目标搜索问题描述

多无人平台协同目标搜索问题主要分解为自组织任务分工和协同决策两方面，前者是基础，后者是核心。自组织任务分工是指建立任务分工模型，系统内部个体通过模型对自身状态进行评估，进而决定所参与的任务，从而使得系统在多/群体层面上涌现出自组织任务分工行为。无人系统在执行多目标搜索任务时，平台需要首先根据目标检测情况自主选择单个目标搜索任务，同时具有相同的任务目标个体自主地缔结联盟，以提高系统的综合搜索效率，因此建立合理的任务分工机制是解决多平台协同目标搜索问题的基础。而多平台的协同决策主要是指在任务分工的基础上通过设计行动策略，协调平台内部、平台之间以及其他平台的行为规划，以减少系统的资源与环境冲突，提高系统搜索效率。本章在未知城市环境中，建筑物、障碍物以及地形地貌信息无法提前获知的情况下，充分考虑无人机编队间的信息共享和区域覆盖能力，建立基于共享代价和覆盖收益双重指标的协同搜索模型。同时，为了发挥无人机的灵活性，本章设定无人机进行变速飞行，以满足目标的动态变化，从而提高多机协同搜索能力。本章的创新之处如下：

① 提出面向未知城市环境的多无人机协同搜索方法，旨在解决目标遗漏和搜索周期较长的问题。

② 在模型的构建中，设计基于共享代价和覆盖收益双重指标，保证无人机编队的协同搜索能力和区域覆盖能力。

③ 在模型求解过程中提出改进的麻雀搜索算法，从而提升协同搜索模型的时效性。

2.1.1 环境模型

本章以城市环境为背景，利用 N 架无人机组成编队对未知城市区域 BMP(·)进行目标搜索，设定该区域中包含 M 个运动目标。为了增加目标搜索任务的挑战性，设置多个建筑物、障碍物等不可达区域，并参照文献[64]设置三类不同运动状态的目标供无人机编队搜索，随机初始化各目标的运动类型。

为了便于描述目标搜索过程，本章对搜索区域 Ω 进行栅格化等分处理，区域 Ω 的栅格化地图如图 2-1 所示。该区域的长和宽分别为 L 和 W，单位为 m，每个栅格的大小为 $\Delta l \times \Delta w$。设定每架无人机均等高飞行，且搭载的目标检测摄像头均垂直向下。与此同时，为了保证无人机能够准确识别目标，本章设定各架无人机的飞行高度为 Δh，其对应的检测范围为“九宫格”，即以无人机在地面投影为中心、以一个栅格长度为半径画圆，与之有交集的栅格即为当前时刻该架无人机的检测范围，认定在此范围内目标能够被精准发现。

2.1.2 无人机模型

假设每一时刻同一栅格最多只存在一个目标，每架无人机利用机载摄像头对区域中的各栅格进行飞行搜索，其行进轨迹由转弯半径和速度所决定[65]，即：

$$\mathrm{UAV}_i(t)=[x_i(t), y_i(t), h_i(t)] \tag{2-1}$$

式中 $x_i(t)$、$y_i(t)$——第 t 时刻第 i 架无人机在区域 Ω 中的位置坐标；

$h_i(t)$——飞行高度。

在基于栅格化的路径规划过程中，本章将无人机在相邻时刻的航行方向设置为八链码方向，其表示如图 2-2 左图所示。具体为：0——向前；1——向右

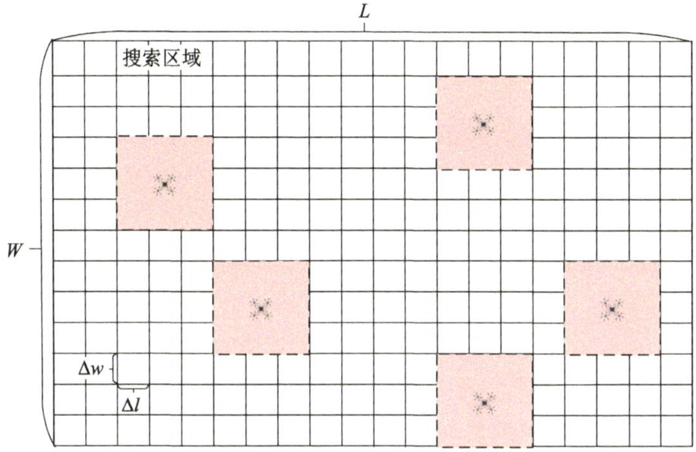

图 2-1　区域 Ω 的栅格化地图

45°;2——向右 90°;3——向右 135°;4——向后;5——向左 135°;6——向左 90°;7——向左 45°。无人机模型的具体表达式为:

$$\begin{cases} x_i(t+1)=x_i(t)+v\Delta t\sin\theta \\ y_i(t+1)=y_i(t)+v\Delta t\cos\theta \\ h(t+1)=h(t) \end{cases} \tag{2-2}$$

式中　v——无人机飞行速度;

　　θ——航行角,$\theta\in[-180°,-135°,-90°,45°,0°,45°,90°,135°]$。

需要指出的是,在基于栅格化的路径规划过程中,目标仅能在道路上运动,不能穿过建筑物和不可达区域,将目标在相邻时刻的行进方向表示为如图 2-2 右图所示。具体为:0——向前;1——向右 90°;2——向后;3——向左 90°。

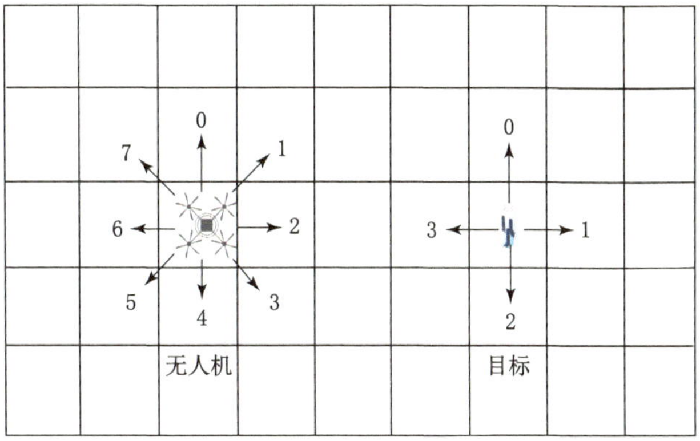

图 2-2　目标与无人机的运动方向标识

2.2 多机协同目标搜索建模

协同搜索目标要求无人机编队在尽可能少的时间内找出区域 Ω 中的所有目标，假设当目标处于无人机视觉的观察范围内时即认定无人机已经能够捕获目标[24]。针对单无人机搜索性能差、执行周期较长的问题，提出一种多无人机协同优化模型，以提高多无人机的协同搜索能力，MUCS 的整体架构如图 2-3 所示，图 2-3 中蓝色长方体为建筑物，白色矩形框为不可达区域。具体协同搜索过程为：

① 设计目标函数。本章旨在解决目标遗漏和搜索周期较长的问题，因此，将编队信息共享代价和区域覆盖收益定义为目标函数，以提高无人机编队搜索能力。

② 编队约束。在编队飞行过程中，安全飞行距离和最大运动位移是两个最重要的约束条件，决定着协同模型的实用性和稳定性。

③ 优化模型求解。基于上述目标函数和约束条件，建立协同编队优化模型，并在求解过程中设计改进的麻雀搜索算法进行优化解算，提高模型的时效性。

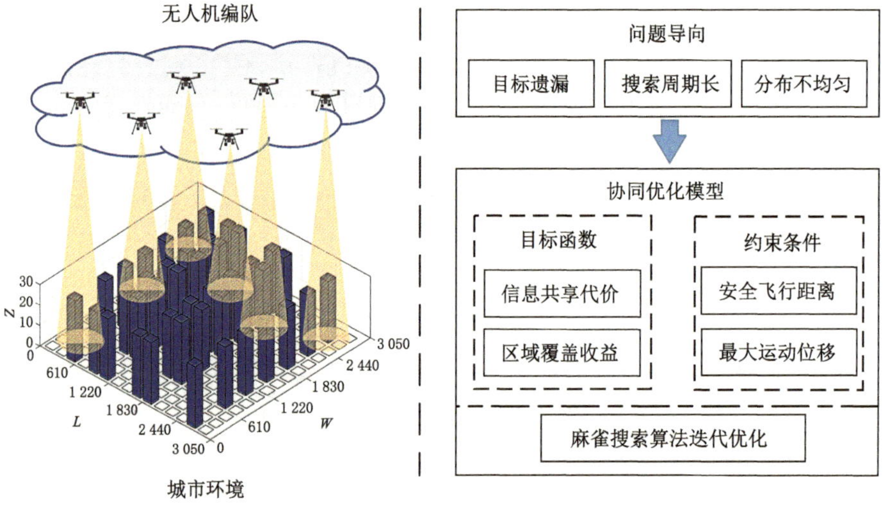

图 2-3　MUCS 的整体架构

2.2.1 目标函数

综合考虑无人机信息共享能力和编队区域覆盖能力，本章将信息共享代价和区域覆盖收益作为目标函数，将代价和收益定义为两个双曲正切函数，计算无人机编队的最优搜索解，这两种函数的描述如下。

(1) 信息共享代价

为了保证实时搜索信息共享，无人机编队应尽可能地向区域中央进行收缩，以满足信息传输距离的要求。设单无人机的信息共享代价函数为：

$$f_1(d, d_{\max}, \Delta d) = \frac{1}{2}\left[1 + \tanh\left(\frac{d - d_{\max} + \Delta d/2}{\Delta d/8}\right)\right] \tag{2-3}$$

式中　f_1——双曲正切函数，用于将无人机与区域中心的距离进行归一化操作(距离范围为[0,1])，其函数的图像如图 2-4(a)所示；

d——无人机与指定区域中心的距离；

$d_{\max}$——最大通信距离；

Δd——缓冲距离，其取值范围为[0,1]。

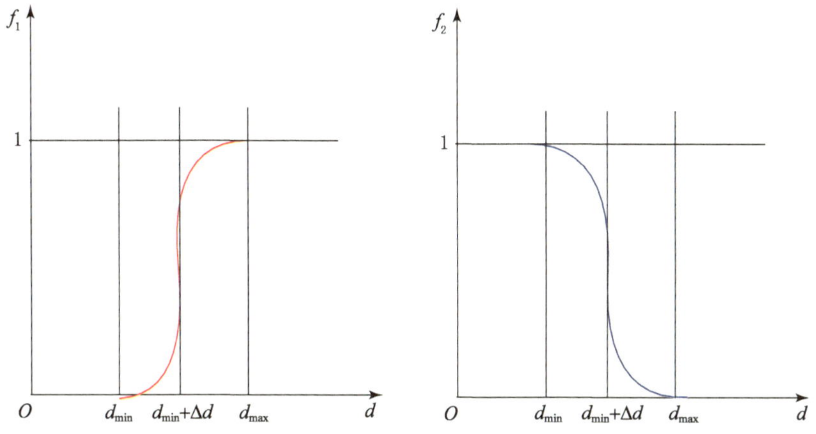

(a) f_1函数　(b) f_2函数

图 2-4　双曲正切函数示例

因此，无人机编队的信息共享代价函数为：

$$F_1 = \sum_{i=1}^{N} f_1(d_i, d_{\max}, \Delta d) \tag{2-4}$$

式中　N——编队中的无人机数量；

d_i——第 i 架无人机与区域中心的距离。

(2) 区域覆盖收益

为了保证发现城市区域中的所有目标，无人机应尽可能地向区域边缘进行扩张，以满足多无人机能够均匀分布在城市区域的各个角落，从而提高编队搜索的成功率。设单无人机的区域覆盖收益函数为：

$$f_2(d, d_{\min}, \Delta d) = \frac{1}{2}\left[1 - \tanh\left(\frac{d' - d_{\min} - \Delta d/2}{\Delta d/8}\right)\right] \tag{2-5}$$

式中 f_2——双曲正切函数，其函数的图像如图 2-4(b)所示；

d'——无人机与指定区域边缘的距离；

$d_{\min}$——最小安全距离。

因此，无人机编队的区域覆盖收益函数为：

$$F_2 = \sum_{i=1}^{4}\sum_{j=1}^{N} f_2(d'_{ij}, d_{\min}, \Delta d) \tag{2-6}$$

由图 2-4 可以看出，信息共享代价与区域覆盖收益之间的取值恰好相反。信息共享是将编队内无人机之间的距离最小化，而区域覆盖是将编队内无人机之间的距离最大化。本章设计的目标函数旨在保证收益与代价之间达到平衡，既能够保证编队的通信能力，同时还能均匀分布在城市区域，因此多无人机协同优化模型的目标函数为：

$$F = 4F_1 + F_2 \tag{2-7}$$

为了进一步说明信息共享代价与区域覆盖收益之间的关系，图 2-5 展示了多无人机编队协同搜索的收益与代价示例。在图 2-5 中，绿色框表示覆盖收益区域，分布在城市区域的四周；紫色框表示信息共享代价区域，分布在城市区域中心；蓝色框便是城市建筑物。在式(2-7)中，由于区域覆盖收益函数 F_2 中已经计算 4 个边界点区域的区域覆盖收益，为了保证通信良好条件下，无人机搜索路径在城市区域中均匀分布并达到良好的搜索效率，因此将目标函数中 F_1 的权重设置为 4，平衡信息共享代价和区域覆盖收益。无人机根据自身位移向收益或代价区域移动，达到向中心收缩或向边界点扩张的平衡，从而完成目标搜索任务。

2.2.2 约束条件

(1) 安全距离约束

在无人机编队搜索过程中，为了避免发生碰撞，对无人机之间的距离进行约束是十分必要的[25-26]。为了简化对无人机编队安全距离统计的描述，将编队中的无人机进行数字标号，并按升序依次计算两架无人机之间的距离，具体计算公式如下：

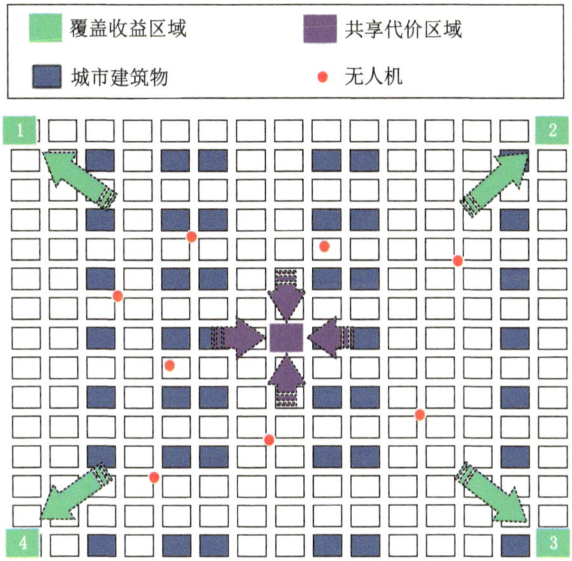

图 2-5　无人机编队的收益与代价示例

$$\begin{cases}\Delta x_{i,k}=(x_{i,t}-x_{k,t})^2\\\Delta y_{i,k}=(y_{i,t}-y_{k,t})^2\\\sqrt{\Delta x_{i,k}+\Delta y_{i,k}}\geqslant d_{\min}\end{cases}\quad(i=1,2,\cdots,N-1;k=i+1,\cdots,N)\tag{2-8}$$

式中　$d_{\min}$——常数，记录最小安全距离。

（2）最大运动位移

在实际的搜索应用中，无人机的速度应受到限制，避免在遇到突发情况时发生无人机因惯性导致无法及时避障，造成机身受损[66]。由于在试验中设定的目标运动轨迹未知，无人机需要进行变速运动，因此本章对最大运动位移进行限制，具体表达式为：

$$\begin{cases}|\ x_{i,t}-x_{i,t-1}\ |\leqslant s_{\max}\sin\theta\\|\ y_{i,t}-y_{i,t-1}\ |\leqslant s_{\max}\cos\theta\end{cases}\tag{2-9}$$

式中　$s_{\max}$——最大运动位移。

2.2.3　模型求解

在多机协同搜索过程中，本章建立基于共享代价和覆盖收益双重指标的优化模型，具体表达式为：

$$
\begin{cases}
F = 4F_1 + F_2 \\
\text{s.t.}\begin{cases}
\Delta x_{i,k} = (x_{i,t} - x_{k,t})^2 \\
\Delta y_{i,k} = (y_{i,t} - y_{k,t})^2 \\
\sqrt{\Delta x_{i,k} + \Delta y_{i,k}} \geqslant d_{\min} \\
|x_{i,t} - x_{i,t-1}| \leqslant s_{\max} \sin\theta \\
|y_{i,t} - y_{i,t-1}| \leqslant s_{\max} \cos\theta
\end{cases}
\end{cases}
\quad
\begin{aligned}
&(i = 1, 2, \cdots, N-1; \\
&k = i+1, \cdots, N)
\end{aligned}
\tag{2-10}
$$

为了满足优化模型求解的时效性，引入群智能算法进行迭代优化。群智能算法已被证明适用于许多实际问题，因此，本章选用最新的麻雀搜索算法(sparrow search algorithm，SSA)对式(2-10)进行求解。麻雀搜索方法是一种非常有效的智能优化算法，它根据麻雀觅食并躲避其他捕食者的行为而提出，且具有寻优能力强、收敛速度快等优点[67-68]。麻雀是群居动物，其捕食(优化)过程主要有三个步骤：① 发现者搜索食物；② 跟随者争夺食物；③ 边缘个体发现其他猎食者并发出警报。

为了使 SSA 适用于本章提出的优化模型，对 SSA 算法中的三个步骤进行改进，具体数学描述如下。

(1) 发现者

选择初始函数 F 最大的一半个体作为发现者，其位置更新方式为：

$$
\boldsymbol{S}_{i,j}^{t+1} = \boldsymbol{S}_{i,j}^{t} + Q \cdot \boldsymbol{I} \tag{2-11}
$$

式中 t——当前迭代数；

$\boldsymbol{I}$——一个 $1\times \mathrm{dim}$ 的单位矩阵，dim 为求解维度；

Q——服从正态分布的随机数；

$\boldsymbol{S}_{i,j}$——第 i 个麻雀在第 j 维空间中的位置。

(2) 追随者

将剩余的另一半个体作为追随者，其位置更新方式为：

$$
\boldsymbol{S}_{i,j}^{t+1} = \boldsymbol{S}_{\mathrm{best}}^{t} + \frac{1}{\mathrm{dim}} \sum_{j=1}^{\mathrm{dim}} \mathrm{rand} \cdot (|\boldsymbol{S}_{\mathrm{best}}^{t} - \boldsymbol{S}_{i,j}^{t}|) \tag{2-12}
$$

式中 $\boldsymbol{S}_{\mathrm{best}}^{t}$——当前迭代周期 t 下的最佳位置；

rand——随机数($\mathrm{rand}\in[-1,1]$)。

(3) 警戒者

在麻雀搜索食物的同时它们中的部分会负责警戒，当其他猎食者靠近时，它们会放弃当前的食物，移动到一个新的位置。从种群中随机选择 $N/4$ 个体进行警戒，其位置更新公式如下：

$$
\boldsymbol{S}_{i,j}^{t+1} = \boldsymbol{S}_{i,j}^{t} + \beta \cdot (|\boldsymbol{S}_{\mathrm{best}}^{t} - \boldsymbol{S}_{\mathrm{worst}}^{t}|) \tag{2-13}
$$

式中 β——服从正态分布的随机数；

$\boldsymbol{S}_{\mathrm{worst}}^{t}$——当前迭代周期 t 下的最差位置。

2.2.4 算法流程

本章利用群智能算法对建立的协同模型进行优化求解，从而获得无人机编队的最优搜索位置，MUCS 的主要流程如图 2-6 所示。

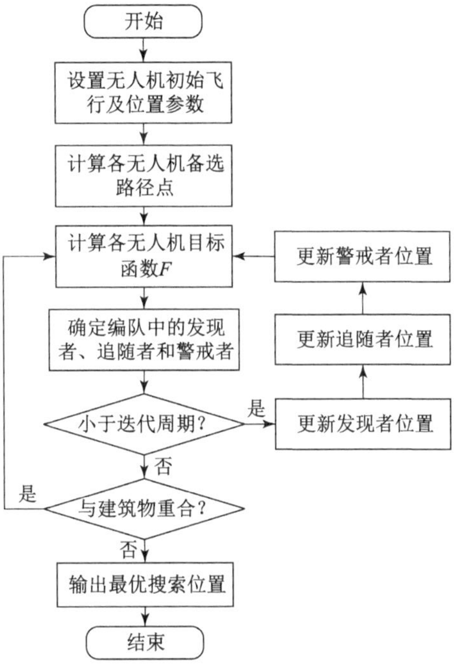

图 2-6　协同目标搜索流程

MUCS 主要步骤描述如下：

① 设置无人机初始飞行参数和 SSA 算法的初始参数。初始飞行参数包括初始位置、速度范围以及初始航向角等。此外，SSA 算法参数包括迭代次数 t、维度以及候选样本数量 n 等。

② 计算各无人机的备选路径点。结合各无人机的实时位置与八链码方向关系，确定下一时刻的候选位置坐标，输入 SSA 算法。

③ 在 SSA 算法中，首先利用式(2-7)计算无人机的目标函数(适应性函数)，并按降序排列，从而选出当前时刻无人机编队中的发现者、追随者以及警戒者。

④ 分别利用式(2-11)、式(2-12)以及式(2-13)更新发现者、追随者以及警戒者的位置，判断是否满足迭代优化条件，若满足，则执行步骤⑤；反之，继续执行此步骤。

⑤ 将输出结果与建筑物坐标进行对比，若二者存在重合或包含关系，则证明不满足搜索要求；反之，则输出当前时刻无人机编队的最优搜索位置。

2.3 试验结果与分析

在 MUCS 方法中，无人机飞行参数、目标的初始参数和 SSA 算法的参数是十分重要的，因此本节首先对这些参数进行说明。为了说明 MUCS 方法的先进性，本节还设计了与现有方法的对比试验，从定性和定量角度分析说明提出的协同优化模型的有效性。

2.3.1 试验参数设置

城市区域 Ω 的实际面积大小为 3 050 m×3 050 m，本章利用栅格进行等比例划分，形成 61×61 个栅格，即栅格的 Δl 和 Δw 均为 50 m。在该城市区域中，为了增加目标搜索任务的复杂性，设置了 42 个建筑物，每个建筑物占用 9 个栅格（实际面积为 22 500 m^2），其中还包含了密集建筑群，从而更好地模拟城市环境，并利用 12 架无人机组成编队对区域 Ω 进行目标搜索，目标数量设置为 9 个运动目标，无人机间的最大通信距离 d_{max} 为 25 个栅格，最小安全距离 d_{min} 为 0.5 个栅格，无人机和目标的初始运动状态设置分别见表 2-1 和表 2-2。此外，SSA 算法的主要初始参数设置见表 2-3。

表 2-1 无人机初始状态

无人机	初始位置	网格索引	初始方向
UAV_1	(50,750)	(1,15)	4
UAV_2	(50,1 500)	(1,30)	0
UAV_3	(50,2 250)	(1,45)	4
UAV_4	(750,50)	(15,1)	6
UAV_5	(1 500,50)	(30,1)	6
UAV_6	(2 250,50)	(45,1)	2
UAV_7	(3 050,50)	(61,1)	0
UAV_8	(3 050,750)	(61,15)	4
UAV_9	(3 050,1 500)	(61,30)	0
UAV_{10}	(750,3 050)	(15,61)	6
UAV_{11}	(1 500,3 050)	(30,61)	4
UAV_{12}	(2 250,3 050)	(45,61)	4

表 2-2　目标初始状态

目标	初始位置	网格索引	初始方向
T_1	(850,850)	(17,17)	0
T_2	(850,1 650)	(17,33)	4
T_3	(850,2 250)	(17,45)	2
T_4	(1 650,850)	(33,17)	0
T_5	(1 650,1 650)	(33,33)	2
T_6	(1 650,2 250)	(33,45)	4
T_7	(2 250,850)	(45,17)	0
T_8	(2 250,1 650)	(45,33)	2
T_9	(2 250,2 250)	(45,45)	4

表 2-3　SSA 初始参数

指标参数	SSA 算法
最大迭代次数	100
候选样本数量	10
样本维度	24
发现者数量	6
追随者数量	6
警戒者数量	3
位移量	[−2,2]

2.3.2　对比仿真试验

为了验证 MUCS 方法的有效性，本节主要与较为流行的两类群优化算法——文献[25]的 DPM(digital pheromone graph)、文献[67]的 SSA (sparrow search algorithm)进行仿真试验对比，主要评定指标包含搜索时间周期、发现目标数以及区域覆盖率[69-70]。两个方法的具体细节描述为：DPM 为典型的数字信息素优化算法，学者们加入调度信息素，并在分布式模型预测控制框架下对其进行优化求解，从而完成目标搜索任务，SSA 则为最新群智能算法的代表，在优化求解中模仿麻雀的捕食策略，从而提高目标搜索的准确率。

MUCS、SSA 与 DPM 三种方法在不同搜索周期下的无人机编队飞行路径如图 2-7 所示，其中彩色点为各无人机的搜索飞行轨迹点，蓝色长方体表示城市中的密集建筑物，白色框为城市规划区域。由图 2-7 可以看出，三种方法均能够较好地完成目标搜索任务，无人机编队分布在城市区域的各个角落，但无法比较三种方法的编队性能。因此，为了能够清晰展示无人机编队的搜索路径，本节的飞行路径图均为二维平面图，三种方法在不同搜索周期下的飞行路径及目标运动路径分别如图 2-8、图 2-9 和图 2-10 所示。需要指出的是，无人机能够在高空飞过城市规划区域(白色框)，但目标无法进入此区域，仅能在道路上运动，而密集建筑物则无人机和目标均不能穿行。

由图 2-8、图 2-9 和图 2-10 的第一列无人机运动轨迹可以看出，群智能算法的迭代优化更加合理，执行目标函数更为理想，在整个城市区中无人机编队分布得更加均匀。无人机和目标的初始运动状态见表 2-1 和表 2-2。MUCS 和 SSA 方法在城市环境中呈现“区域式”分布，更加体现了区域覆盖式搜索的群智能性，具体表现为搜索区域覆盖更加均匀、密集，且无人机之间很少有重复的搜索路径，虽然在较短周期内无人机的覆盖范围更小，但随着搜索的不断深入，群智能性逐渐体现，这对于运动目标搜索是十分有利的，能够较好地完成目标搜索任务。DPM 方法利用信息素的释放和稀释进行全局图更新，能够保证无人机编队均匀地分布在城市的角落，具有较高的区域覆盖率，对于静态目标的搜索是十分有利的，因此其全局搜索能力更强，区域覆盖率更大。然而，本章主要面向动态目标搜索任务，由于目标位置实时变化，若仅要求区域全覆盖是无法满足搜索要求的，因为目标可能在下一时刻出现在无人机已搜索过的区域中，从而造成目标遗漏现象。

由三组图的第二列可以看出，MUCS 和 SSA 方法能够快速捕获目标，致使目标的运动轨迹更少，而 DMP 方法的运动目标在较长时间周期下才能发现，导致目标的运动轨迹更长，这进一步说明了群智能算法的区域搜索能力。表 2-4 显示了三种方法在 400 个搜索周期下的发现目标位置坐标，其单位为栅格，其中，“—”表示未发现此目标。表 2-4 清晰记录了三种方法搜索到的目标位置，MUCS 能捕获所有目标，而 SSA 则能够发现 8 个目标，遗漏了 3 号目标(T_3)。DMP 仅发现了 7 个目标，未能捕获 2 号和 8 号目标。

另外，图 2-8、图 2-9 和图 2-10 的第三列记录了三种方法在搜索过程中的无人机间的最大距离和最小距离，其中 MUCS 和 SSA 方法能够较好地利用群优化算法限制机间距离，从而更好地避免无人机路径存在无人机之间距离大于 d_{max}的情况发生。然而 DMP 方法假设全局通信，并没有对机间距离进行限制，因此该方法的机间距离较大，最大可达到 82 个栅格，这种情况再一次证明了基于群智能算法的协同编队有效性。

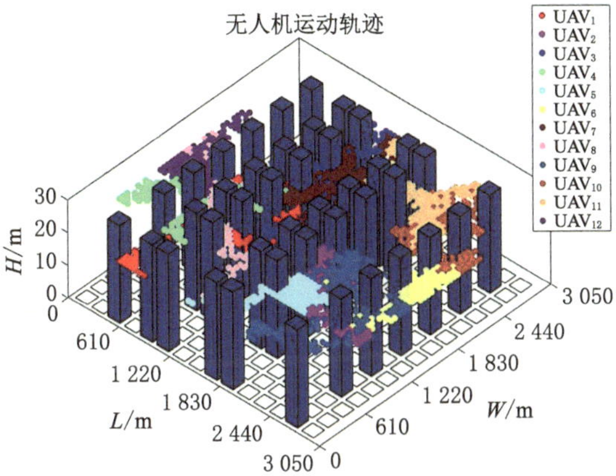

（a）MUCS

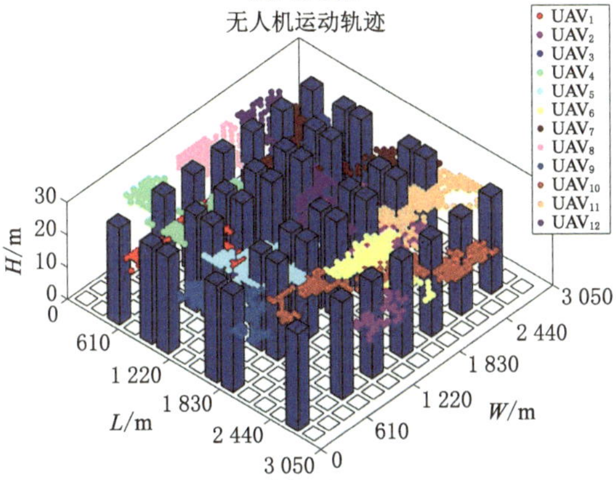

（b）SSA

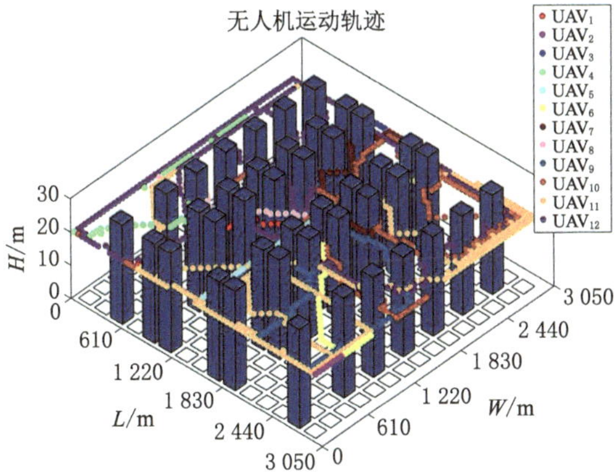

（c）DPM

图 2-7　三种方法在 400 个周期下的 3D 飞行路径

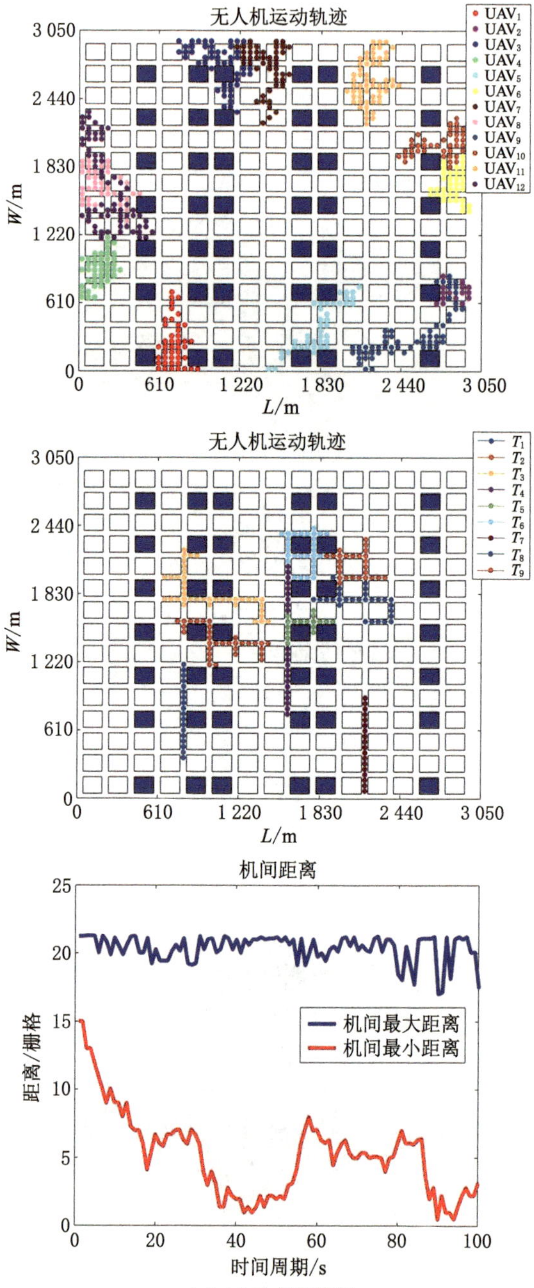

（a）100个搜索周期

图 2-8　MUCS 在三个不同搜索周期下的飞行结果

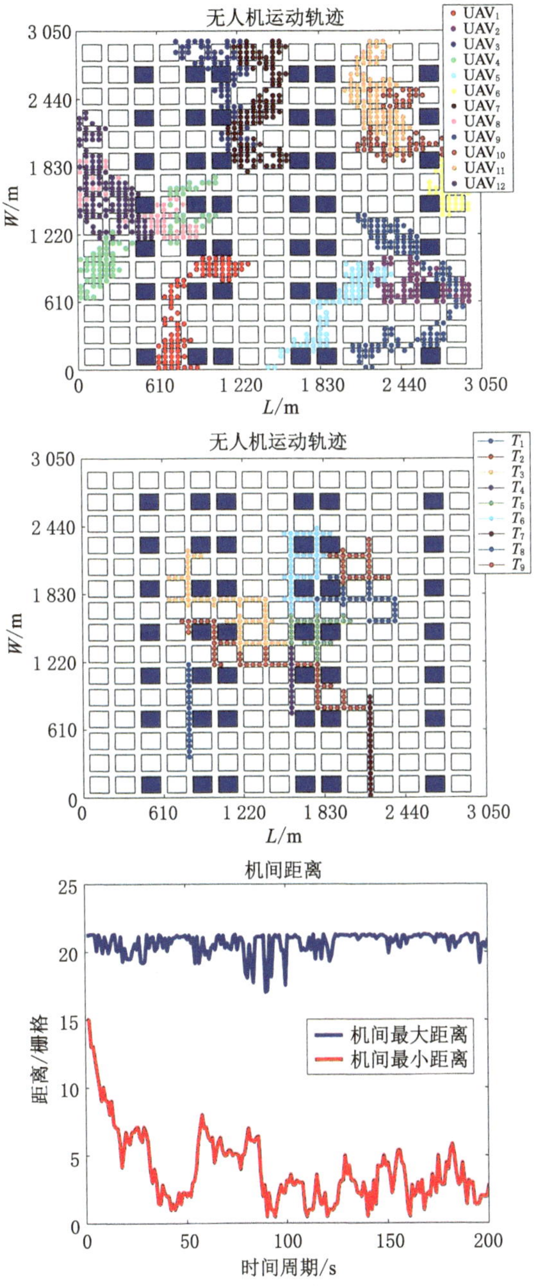

（b）200个搜索周期

图 2-8　（续）

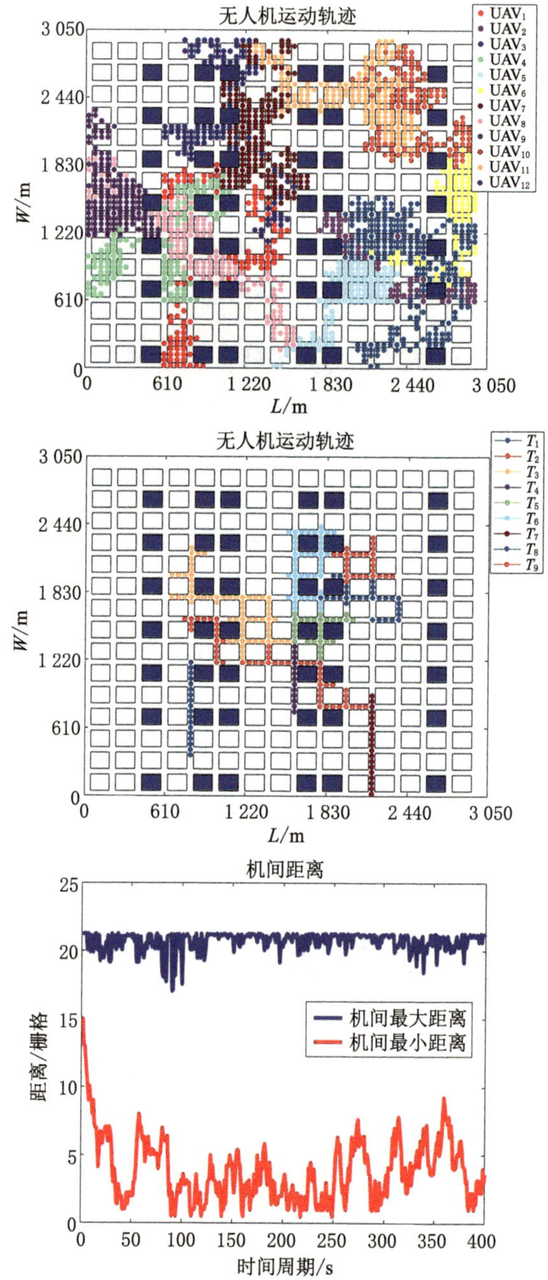

（c）400个搜索周期

图 2-8 （续）

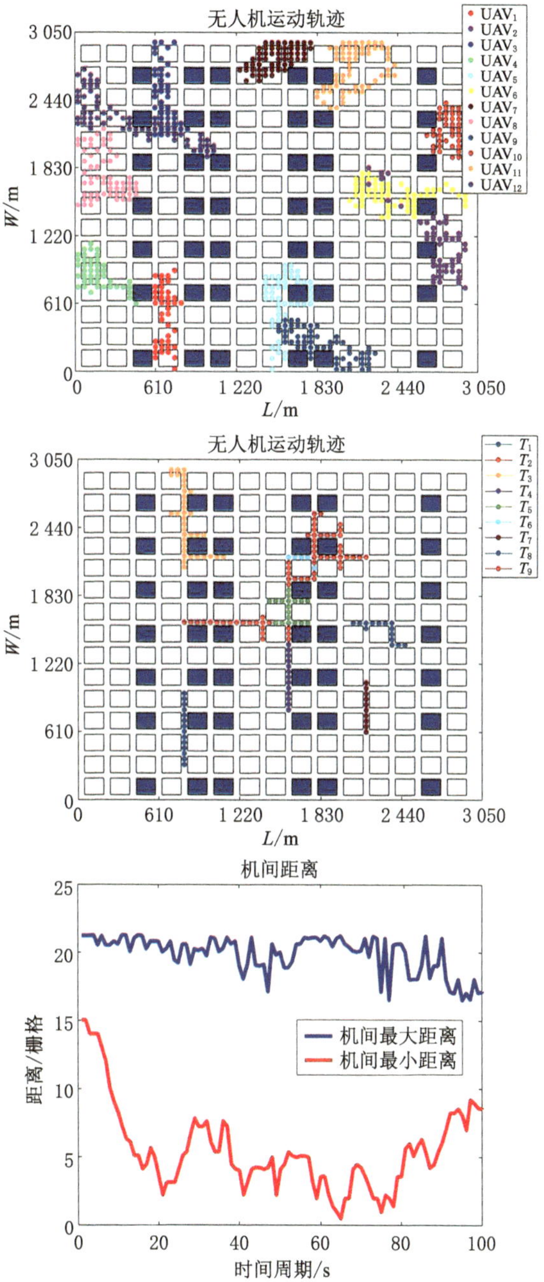

（a）100个搜索周期

图 2-9　SSA 在三个不同搜索周期下的飞行结果

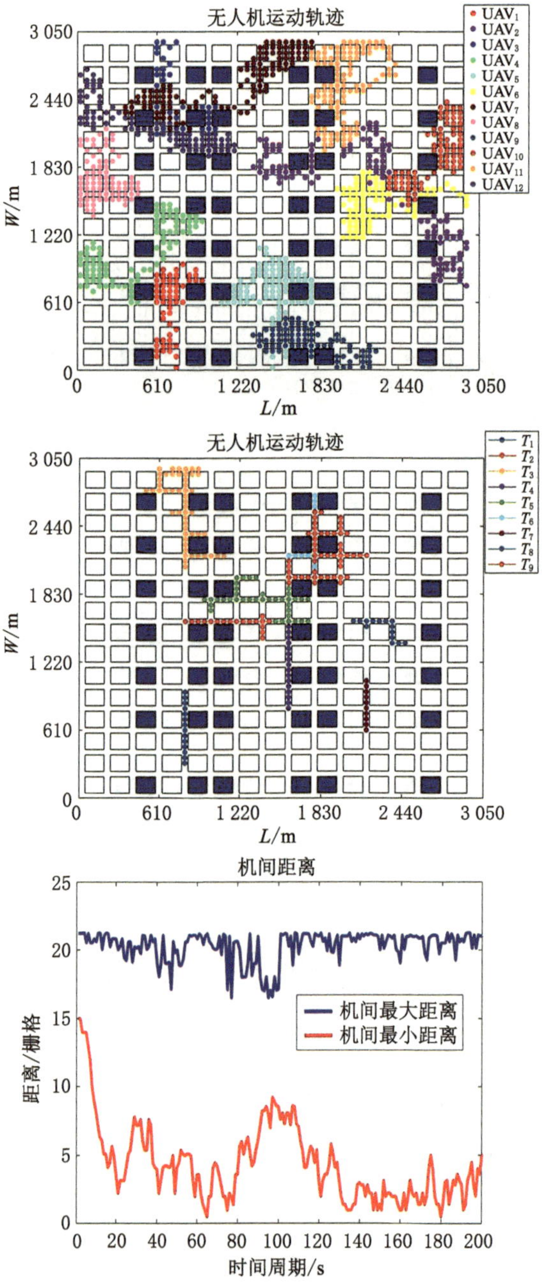

（b）200个搜索周期

图 2-9 （续）

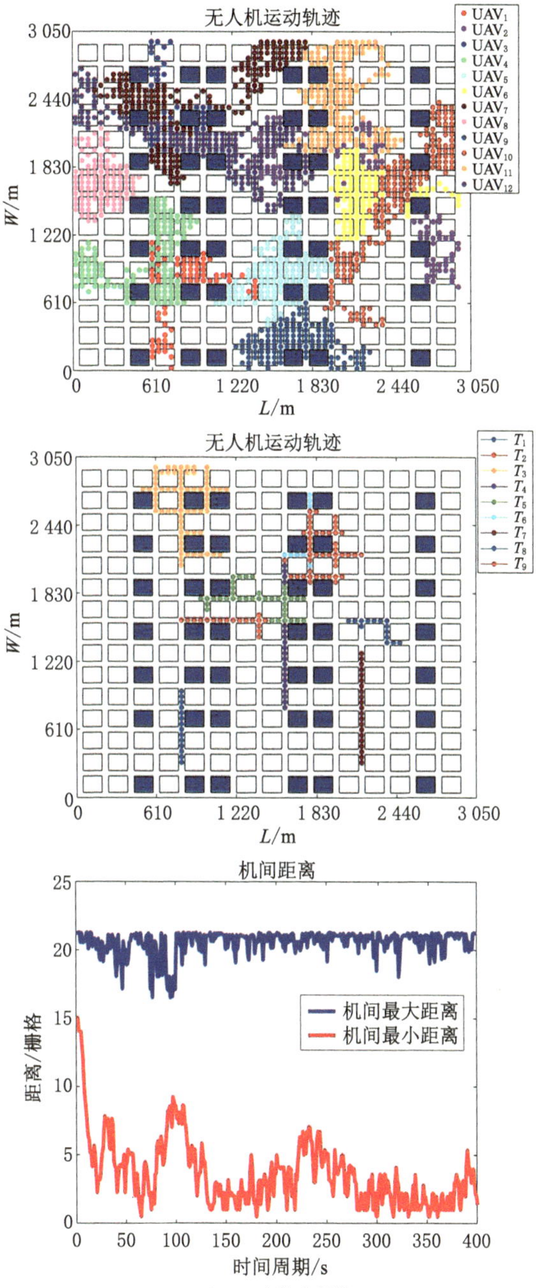

(c) 400个搜索周期

图 2-9 （续）

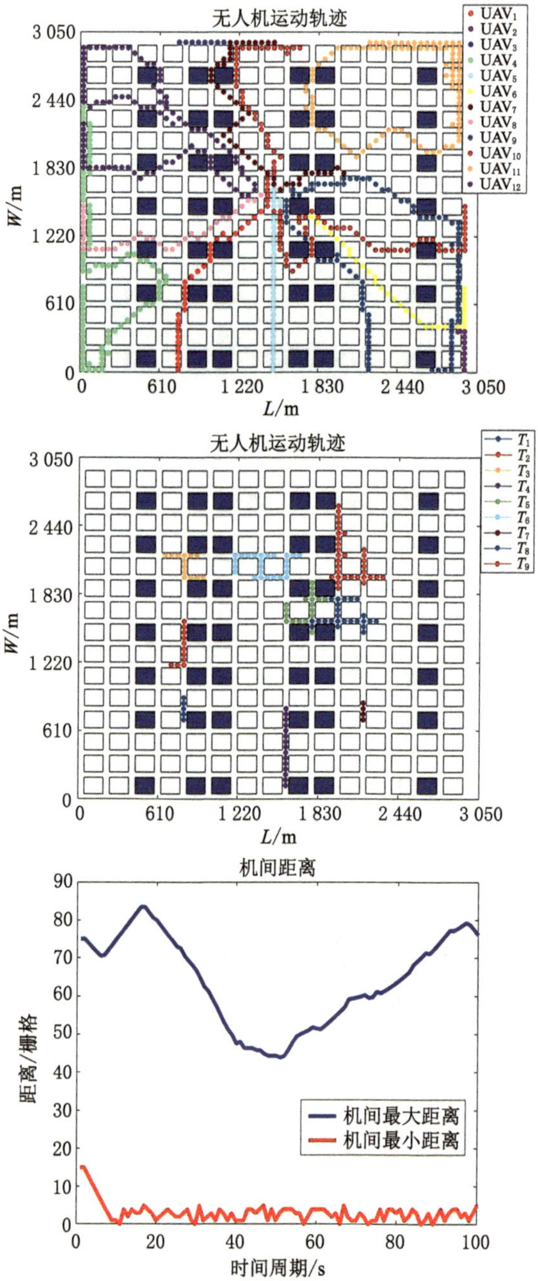

（a）100个搜索周期

图 2-10　DPM 在三个不同搜索周期下的飞行结果

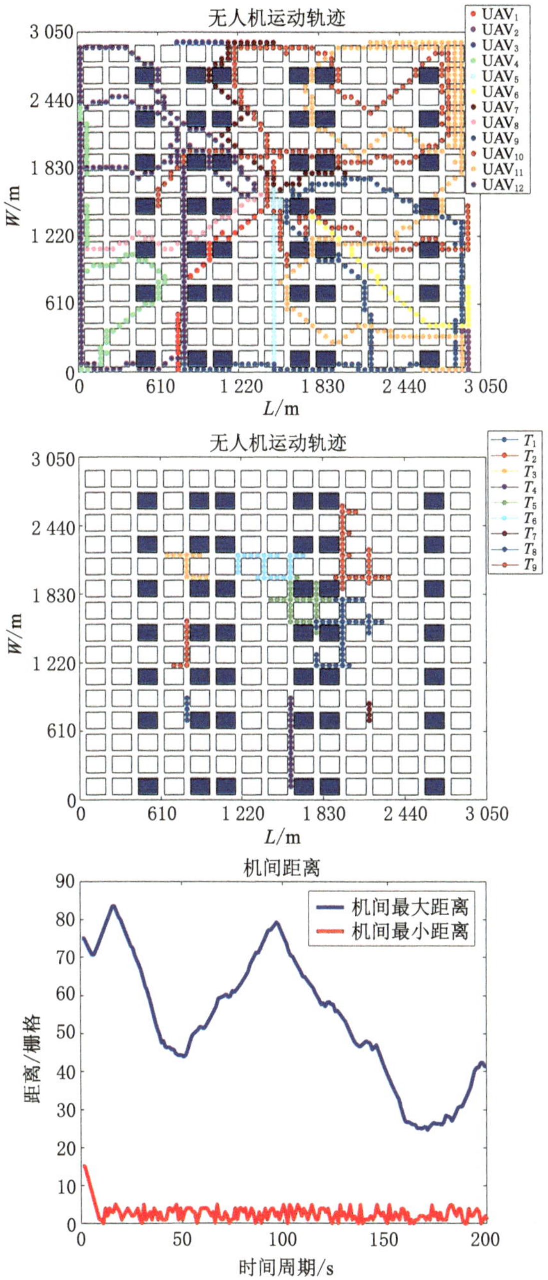

（b）200个搜索周期

图 2-10 （续）

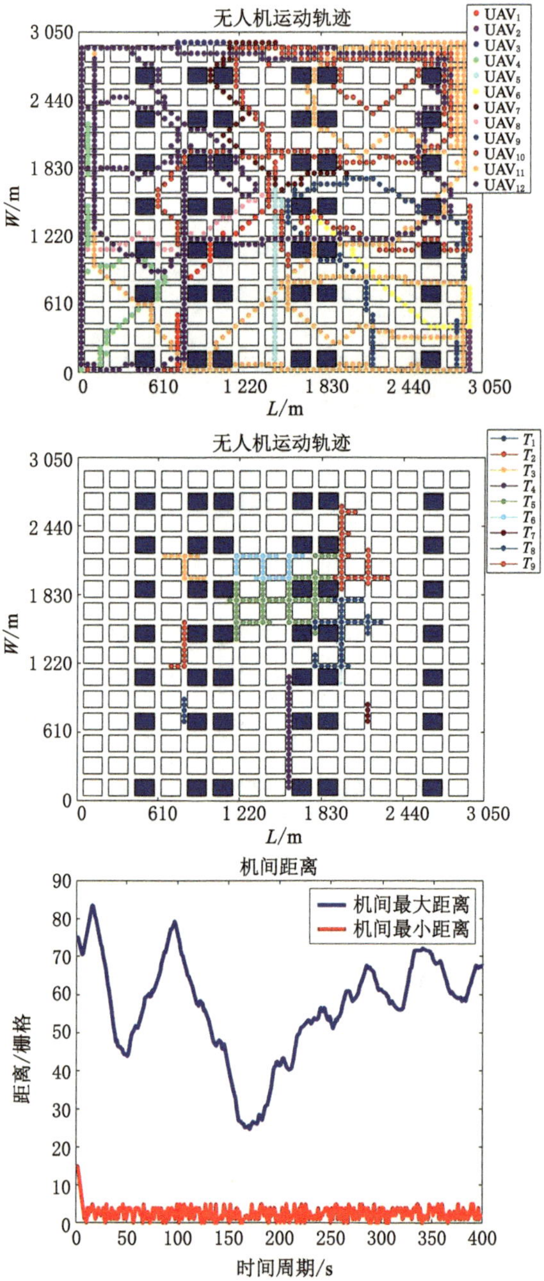

（c）400个搜索周期

图 2-10 （续）

表 2-4　三种方法在 400 个周期下发现的目标位置

发现目标位置	搜索方法		
	MUCS	SSA	DMP
T_1	(17,11)	(17,11)	(17,19)
T_2	(45,17)	(37,42)	—
T_3	(25,28)	—	(21,57)
T_4	(33,38)	(33,42)	(33,10)
T_5	(35,33)	(28,41)	(33,33)
T_6	(33,36)	(37,56)	(46,57)
T_7	(45,14)	(45,15)	(45,19)
T_8	(42,41)	(51,29)	—
T_9	(47,41)	(41,49)	(29,49)

与群智能算法 SSA 相比，本章提出的 MUCS 方法的搜索性能更好，区域覆盖率更高，搜索路径规划得更为合理。由图 2-8 和图 2-9 中的无人机运动轨迹比较可以看出，MUCS 能够更好地发挥编队优势，各无人机之间连通性更强，而 SSA 在 400 个周期后仍存在大面积区域未探测，搜索效果不理想。这种现象说明了本章利用改进的群智能算法进行模型求解的优势，具有较强的寻优能力，无论是在区域的边界还是在城市中心均有搜索无人机的出现，且运动位移较大。为了能够更加清晰地对比三种方法的性能，分别从搜索周期、发现目标数以及路径覆盖率方面进行定量分析，对比结果见表 2-5。需要指出的是，为了体现试验的公平性，本章对三种方法分别进行了 10 次独立运行，并取平均结果作为最终的数据统计结果放入表 2-5 中。

表 2-5　三种方法的定量对比

搜索方法	搜索周期/s	发现目标数/个	区域覆盖率/%
MUCS	100	2	23.28
	200	6	42.57
	400	9	73.58
SSA	100	2	20.34
	200	6	41.53
	400	8	72.49

表2-5(续)

搜索方法	搜索周期/s	发现目标数/个	区域覆盖率/%
DPM	100	4	19.20
	200	6	39.36
	400	7	61.09

在表 2-5 中,当搜索周期同为 100 时,三种方法的区域覆盖率相当,均保持在 20%左右。但 DPM 方法的搜索结果更优,能够发现 4 个目标,这说明采用数字信息素图进行目标搜索在较短的周期内是十分有效的。当搜索周期达到 200 时,三种方法的发现目标数均为 6 个,而 MUCS 的区域覆盖率为 42.57%,SSA 的覆盖率为 41.53%,而 DPM 最低,仅为 39.36%,这也进一步体现了群智算法的目标搜索能力,在增加 100 个搜索周期情况下,发现目标数增加了 4 个,而相比之下,信息素图方法仅增加了 2 个,且区域覆盖率最低。随着搜索的不断深入,从发现目标数方面的对比不难看出,MUCS 在 400 s 时即可找出全部 9 个目标,且区域覆盖率达到 73.58%。而 SSA 在 400 s 时能够找出 8 个目标,DPM 在 400 s 时仅能发现 7 个目标,且区域覆盖率仅能够达到 61.09%。因此,无论是在相同周期下的发现目标数,还是区域覆盖率上,MUCS 方法均具有一定的优势,这进一步证明了本章改进群智能搜索策略的有效性。

2.3.3 主要参数分析

在组织无人机编队进行目标搜索过程中,无人机数量和机载摄像头的探测范围为目标搜索任务中的重要参数,直接决定着搜索任务的成败。因此,本节分别对这两个参数进行试验分析,说明提出的协同优化方法的有效性。

(1) 无人机数量对搜索结果的影响

在本节试验中,设定目标的数量及运动状态不变,目标数量固定为 9 个,运动状态见表 2-2。为了说明对目标搜索结果的影响,在无人机初始状态方面,本节采用均匀分布在四周的策略进行试验,即设定无人机数量分别为 4、8、12、16 架。为了得到更加可靠的对比结果,每组试验分别运行 10 次,并取平均作为最终的统计结果,MUCS 在 400 个周期下的搜索结果如图 2-11 所示。

由图 2-11 可以看出,区域覆盖面积随无人机数量的不断增加而变大,当 $N=16$ 时,MUCS 在 400 个搜索周期下的区域覆盖率达到 78.93%,且能够找到区域中的所有目标,这表明了多无人机协同目标搜索的群体智能性。同时,当 $N=8$ 时,MUCS 在 400 个搜索周期下能够找出 8 个目标。该方法在 400 个搜索周期下能够找出全部的 9 个目标,这说明了本章提出的协同优化模型的有效性。

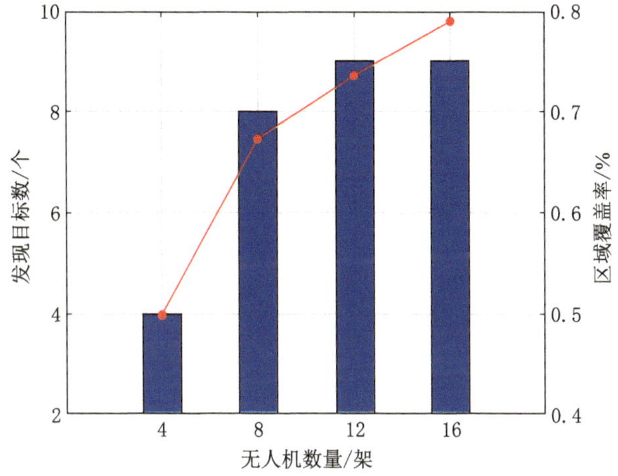

图 2-11　MUCS 在 400 个周期下的搜索结果

为了更加清晰说明无人机数量对搜索结果的影响，表 2-6 统计了 MUCS 在不同周期下的发现目标数和区域覆盖率。在表 2-6 中，当 $N=4$ 的情况下 MUCS 在 400 个搜索周期下的区域覆盖率可达到 49.84%，占城市区域的一半，发现目标数为 4。当 $N=8$ 时，MUCS 在 400 个周期下的区域覆盖率为 67.31%，发现目标数为 8。而当 $N=12$ 时，MUCS 仅在 400 个周期下区域覆盖率达到 73.58%，可发现所有目标，这说明无人机数量对目标搜索结果有着重要的影响，无人机数量越多，目标搜索的时间周期越短，区域覆盖率越高。

表 2-6　MUCS 在不同周期下的搜索结果

无人机数量	搜索周期/s	发现目标数/个	区域覆盖率/%
$N=4$	100	0	8.49
	200	2	21.27
	400	4	49.84
$N=8$	100	1	14.54
	200	3	34.33
	400	8	67.31

表 2-6(续)

无人机数量	搜索周期/s	发现目标数/个	区域覆盖率/%
$N=12$	100	2	23.28
	200	6	42.57
	400	9	73.58
$N=16$	100	5	35.45
	200	9	65.15
	400	9	78.93

(2) 无人机探测范围对搜索结果的影响

确定无人机探测范围是无人机协同目标搜索的前提,是发现目标的重要保障。本节选取 9 个运动目标、12 架无人机组成编队进行试验,它们的具体状态描述见表 2-1 和表 2-2。为了深入分析对搜索结果的影响,本节设定不同的探测范围:① 探测半径为 1 个栅格,即只有当无人机与目标位置重合时才视为发现目标;② 设定探测半径为 2 个网格,即各架无人机探测范围为 9 个栅格;③ 设定探测半径为 3 个网格,即各架无人机探测范围为 25 个栅格。为了得到更准确的结果,同样每组试验分别运行 10 次,并取平均值作为最终的统计结果,本节仅统计在 200 个搜索周期下的搜索结果,如图 2-12 所示。

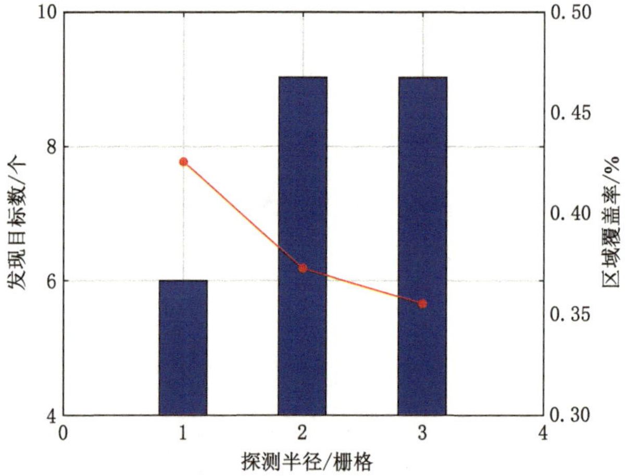

图 2-12　不同探测半径下的搜索结果

由图 2-12 可以看出,随着探测半径的增大,发现目标数也在不断增加,最大为 9 个，但区域覆盖面积却随着半径的增大而略有减小。这是因为当探测半径较大时，目标会被快速发现，待区域中的所有目标均被找到后，编队中的无人机将停留在原地或小范围重复飞行，因此在区域覆盖率上略有下降。在此基础上，表 2-7 列出了三个探测半径下的不同周期的搜索结果。

表 2-7　MUCS 在不同探测半径下的搜索结果

探测半径	搜索周期/s	发现目标数/个	区域覆盖率/%
$r=1$	50	0	10.76
	100	2	23.28
	200	6	42.57
$r=2$	50	6	11.02
	100	9	21.28
	200	9	37.28
$r=3$	50	8	10.34
	100	9	21.84
	200	9	35.54

在表 2-7 中，当搜索周期 t 为 50 时，三种探测半径的区域覆盖率相当，但发现目标数却相差较大。当探测半径为 3 时，MUCS 能够发现 8 个运动目标。当探测半径为 2 时，MUCS 在 100 个周期下能够找到 9 个目标，且区域覆盖率仅为 21.28%，与探测半径为 3 的搜索结果相当。需要指出的是，MUCS 在半径为 2 时仅在 100 个周期内就已经能够找出全部目标，故而本节并未列出 400、600 个搜索周期下的试验数据。因此，经过上述定性和定量分析能够得到以下结论：当搜索周期较小时，探测半径越大，发现目标数越多；当搜索周期较大时，探测半径将不再具有优势，甚至在区域覆盖率上略有降低。

2.4　本章小结

本章针对未知城市环境下多机协同目标搜索问题展开研究，提出了基于群智能优化的搜索模型，构建了基于信息共享代价和区域覆盖收益双重指标的协同目标搜索函数。同时，为了增加城市环境的复杂度，在城市区域中设定了许多密集建筑物，并设计了三类不同运动状态的目标均匀分布在该区域，从而保证目标的多样性。在模型求解中，为了满足目标搜索的时效性，提出了改进的麻雀搜索算法进行优化求解，保证每架无人机均能够得到最优路径可行解。试验结果表明，与当前流行的搜索方法相比，本章提出的 MUCS 方法在相同搜索周期的约束下，在区域覆盖率和发现目标数方面均具备较大优势，在保证目标搜索成功率的同时，增强了对未知城市环境的区域覆盖能力。

目前，多无人机协同编队所面临的另一个难点问题是通信链路不稳定问题。在未来的工作中，应从模型的性能出发，重点考虑如何解决无人机之间的局部通信链路和搜索环境动态变化等问题，使得设计的协同模型仍能够在复杂城市环境中完成目标搜索任务。

第3章　基于测距避障的协同路径规划方法

多平台协同路径规划要求目标始终在无人编队的观测范围内。然而，在不确定的城市环境中，目标的移动是不可预测的，无人平台受障碍物或禁行区域的影响，导致监视、跟踪性能下降，甚至失去目标。本章致力于通过二维激光扫描仪确定当前的监控环境。在此基础上，以能量消耗和通信传输不可靠性为代价，设计了多无人平台协同路径优化模型（multi-UAV cooperative path optimization，MCPO），调整各平台的监视位置，进而提高目标监视跟踪性能。具体来说，对于不同类型的障碍物或禁行区域，提出一种新的避障选择策略，考虑了两种机制：① 当部分无人机遇到障碍无法监视目标，但存在一定的平台能够准确地监视目标时，建立严格的约束机制，及时调整各平台的监视位置，确保了编队监视的准确性；② 当所有平台均须避开障碍物时，提出一种模糊约束机制，并将其与目标预测方法相结合，以扩大多无人机的搜索范围，增强编队的灵活调整能力。

3.1　路径规划问题描述

近年来，无人平台以其制造成本低、体积小、机动性强、灵活性高等显著特点，在许多应用领域成为研究热点。无人平台的优势已逐渐体现在监视检查、救灾、航空摄影、快速运输、环境探测等方面[71]。特别是在一些复杂的城市场景下，无人平台可以代替人进行一些危险的工作，有助于减少人员伤亡，同时高效地完成任务。多平台协同目标监视跟踪作为众多实际应用之一，在军事和民用领域都受到了广泛的关注。显然，为使无人平台实现持久的目标监视和跟踪，规划合适的路径是必不可少的，通过构建优化路径规划模型，平台应具有满足外部环境和物理特性带来的各种约束的能力[72]。

路径规划是多平台目标监视的基本问题，它可以转化为目标监视和跟踪任务满足多个约束条件的多目标优化问题。然而，路径优化问题是一个 NP-hard

问题，复杂的约束条件也很难处理，因此一般的非凸问题很难找到精确解。由于路径规划的高度复杂性，现有的许多方法试图采用群智能优化算法如粒子群算法[73]、狼群算法[74]、进化算法[75]等来寻找满意的解，并为无人平台构建合适的行进路径。然而，基于群智能优化的路径规划方法在实际中应用并不广泛，其原因是容易陷入局部极值，且由于存在随机性，求解结果不稳定。同时，在涉及多任务和大量无人值守设备的复杂系统中，算法求解的搜索空间范围呈现出明显的上升趋势。为了避免元启发式搜索算法在收敛速度上的局限性，一些研究采用模拟退火或加权算法求解优化模型[76-77]。

在任务区域内，目标监视跟踪问题根据目标状态可分为静止和运动两类。对于目标静止的监视场景，通常需要事先规划无人平台的运动轨迹。相比之下，对于目标运动的场景，由于目标位置的不断变化，监视变得更加复杂。与之相应，无人平台的路径规划过程也会发生动态变化。因此，为了综合考虑实时性和最优性，通常需要设计一种基于模型预测控制的多无人机在不确定环境下对运动目标进行监控的路径规划算法[78-79]，以实现对目标的持久性监视和跟踪。此外，有必要进一步考虑障碍物和风险规避对多无人平台运动过程的影响，一些研究致力于解决这些问题[80-81]。

然而，虽然许多现有研究在多无人平台路径规划的鲁棒性方面有了明显的提高，但是这些方法均假设目标的轨迹是已知的或者轨迹的预测是准确的。在实际城市场景中，由于目标遮挡、路径不可达、背景杂波等因素的影响，很难准确地获取目标轨迹，因此，利用无人平台在运动过程中不同的监控角度和位置，构建一种基于多平台信息交互的协同机制是非常必要的。针对上述问题，本章提出了一种多平台协同编队的优化方法，以提高编队路径规划的鲁棒性。

3.2 准备知识

为了规划多平台协同监视的最优行进路径，采用光流法估计目标下一时刻的位移。此外，利用二维激光扫描仪对飞行中的障碍物（如建筑物、树木）进行实时检测，并根据目标的估计位置设计不同的避障策略。因此，本节详细介绍这两个方面的准备知识。

3.2.1 基于光流的目标位置估计

在路径规划过程中，需要实时获取目标的运动状态，根据获得的状态信息预测下一时刻目标的位置，用于多平台协同轨迹规划。为了准确计算目标的运动状态，本章引入稀疏光流的概念，并用 Lucas-Kanade(LK)方法求解运动问题。

LK 方法[82]是一种两帧差分光流估计方法。该方法利用目标特征在时域的变化和运动相关性，找出前一帧与当前帧的对应关系，从而计算出目标的运动信息。假设 N_{point}是所选特征关键点的个数，计算过程是在每个特征关键点的邻域上求解一个过约束方程组，得到这些关键点的运动矢量。最终解决方案如下：

$$\begin{bmatrix} V_x \\ V_y \end{bmatrix} = \begin{bmatrix} \sum I_{xi}^2 & \sum I_{xi} I_{yi} \\ \sum I_{xi} I_{yi} & \sum I_{yi}^2 \end{bmatrix}^{-1} \begin{bmatrix} -\sum I_{xi} I_{ti} \\ -\sum I_{yi} I_{ti} \end{bmatrix} \tag{3-1}$$

式中　V_x 和 V_y——x 轴和 y 轴上特征关键点的移动速率；

I_{xi} 和 I_{yi}——当前帧在邻域中沿点 $i(i=1,2,\cdots,N_{\text{point}})$的 x 轴和 y 轴的空间导数；

I_{ti}——上一帧和当前帧之间的时间导数。

假设在监视跟踪过程中无人平台的最佳观测位置是目标位于摄像机的观测中心，而路径规划的目标是保证每个平台尽可能处于最佳的观测位置。因此，在计算出当前的运动位移后，仍需预测下一时刻目标的位置，本章采用移动平均法计算下一时刻目标的位置：

$$\begin{cases} x_{\text{target},t} = x_{\text{target},t-1} + \Delta\bar{x}_{\text{target},t} \\ y_{\text{target},t} = y_{\text{target},t-1} + \Delta\bar{y}_{\text{target},t} \end{cases} \tag{3-2}$$

$$\begin{cases} \Delta\bar{x}_{\text{target},t} = \dfrac{1}{N_{\text{time}}} \displaystyle\sum_{k=1}^{N_{\text{time}}} \Delta x_{\text{target},(t-k)} \\ \Delta\bar{y}_{\text{target},t} = \dfrac{1}{N_{\text{time}}} \displaystyle\sum_{k=1}^{N_{\text{time}}} \Delta y_{\text{target},(t-k)} \end{cases} \tag{3-3}$$

式中　$(\Delta\bar{x}_{\text{target},t}, \Delta\bar{y}_{\text{target},t})$——目标的平均位置偏移；

N_{time}——采样时间步长。

3.2.2　二维激光扫描仪避障

考虑到无人平台的计算能力，本章采用 HOKUYO-UST-10LX 进行障碍物检测，并设计了一种最优的避障策略来跟踪目标。HOKUYO UST-10LX 是一款二维激光扫描仪，测量距离从 0.06 m 到 10 m 不等，其探测角度为 270°，角分辨率为 0.25°。为了防止激光数据受到无人平台运动部件的影响，将舍弃小于 1 m的测距数据[83]。因此，激光扫描仪的探测距离为 1 m 到 10 m。基于这些激光数据，采用固定大小的网格划分算法（比例尺为 10 cm）绘制距离图。无人机搭载激光扫描仪的检测范围如图 3-1 所示。绿色区域表示激光扫描仪的实际探测范围(270°)。假设无人平台总是向前行进,所以仅需红色区域(180°)对障碍物进行评估。

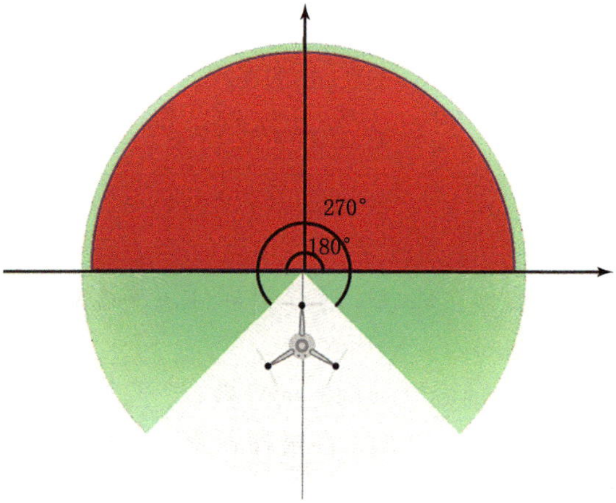

图 3-1　激光扫描仪的探测范围

当无人平台行进过程中检测到障碍物时,采用椭圆切线模型[83]进行避障,该模型的核心是从检测到的障碍物边界构造最小的封闭椭圆,模型的详细说明如图 3-2 所示。

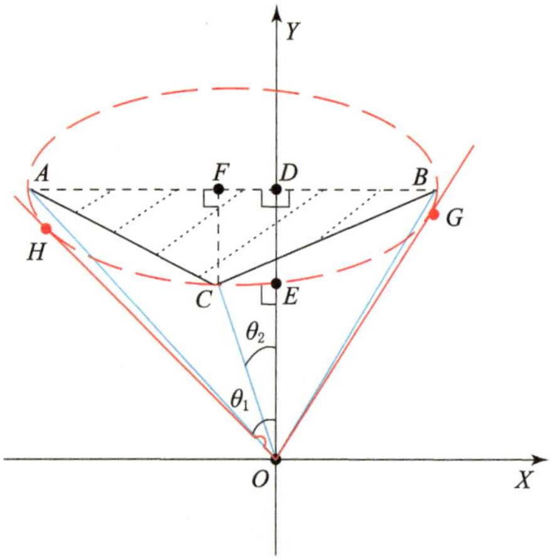

图 3-2　椭圆切线模型示意

假设 O 是无人平台的当前观测位置。A、B 和 C 分别是激光扫描仪检测到的障碍物的边缘点。A 和 B 是左、右边缘点，C 是距离平台最近的边缘点。由于 OA、OB、OC、θ_1 和 θ_2 已知（它们由激光扫描仪测量），因此隐藏线 CF 的计算公式如下：

$$CF \approx ED = OA\cos\theta_1 - OC\cos\theta_2 \tag{3-4}$$

在这个模型中，以 F 为中心，以 CF、BF 为轴绘制椭圆（图 3-2 中 $FB > FA$）。设置线 OG 和 OH 是椭圆切线，OG 和 OH 也是无人平台路径规划中的候选路径。然后选择最短的一条作为避障行进路径。

3.3　多平台协同规划建模

在本节中，首先对多无人平台协同路径优化模型 MCPO 的体系结构进行介绍。然后，以各无人平台的运动距离为目标函数，以协同机制为实时约束，建立编队监视路径规划模型。最后，通过对模型的求解和固有安全距离的验证，实现了对各平台观测位置的精确调整。

3.3.1　模型体系结构

本章根据各类型任务所需的无人平台数量，采用二次规划模型测算下一阶段各无人平台的行进路径，为异构无人平台高效协同跟踪提供技术保障，具体思路为：本章的目标是在开展异构无人平台协同跟踪前，优化各无人平台的行进轨迹，以保证协同跟踪的精度。当无人平台的规划轨迹中出现障碍物时，单无人平台的环境感知能力差、主动处理问题的能力有限。因此，为了解决这一问题，提出一种多无人平台协同路径规划模型，以提高不同尺度、高度的障碍物出现时无人平台的行进稳定性。协同路径优化的体系结构如图 3-3 所示。

该模型主要包括：① 目标函数。以能耗和通信稳定性为主要指标，使无人平台处于最佳观测位置。② 模型约束条件。根据障碍物的大小和数量，提出不同的约束策略，动态调整多平台协同编队行进的结构。③ 规划模型建立。利用模型的约束条件（强约束条件、弹性约束条件）建立二次规划模型。④ 方案求解验证。在求解规划模型后，需要验证上述协同策略的有效性。如果不满足固有安全距离约束，则需要重新计算各平台的次优调整位移。

3.3.2　目标函数

多平台协同路径规划要求目标始终在传感器的覆盖范围内，即每个平台可以随时观察地面目标[84]。然而，空间障碍、建筑物遮挡等因素都会严重影响无

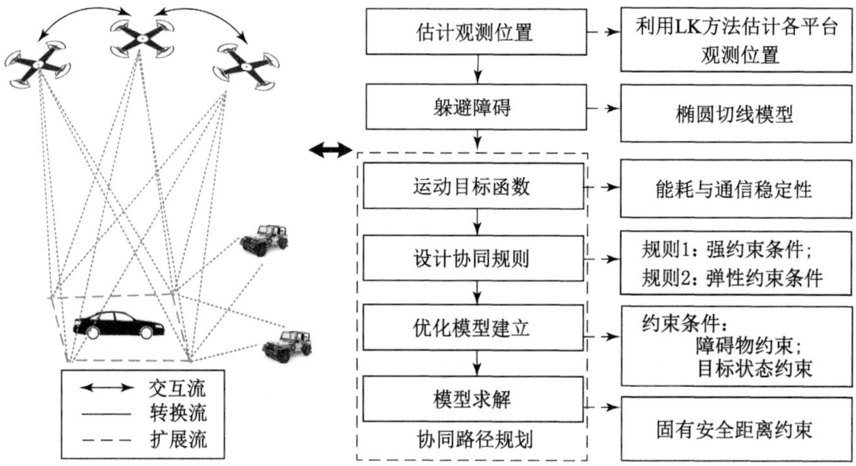

图 3-3　协同路径规划的体系结构

人平台的监视效果。因此，协同路径规划是获得多平台最优观测位置跟踪目标的关键。本章的目的是使每个无人平台均处于理想的观测位置。同时，考虑到行进稳定性和能量消耗，还需要保证无人平台编队的运动距离最小。定义最小欧式距离作为多平台编队路径规划的优化指标。

定义 3.1　单无人平台在第 t 时刻的行进能耗定义为：

$$\mathrm{JE}_{UP_i,t}=1-\mathrm{e}^{-\frac{\Delta x_{i,t}^2+\Delta y_{i,t}^2}{s^2}} \tag{3-5}$$

式中　s——每个平台在有限时间 Δt 内的最大位移；

$(x'_{i,t},y'_{i,t})$、$(x_{i,t},y_{i,t})$——第 i 个平台在 t 时间的当前位置和优化坐标。

$\Delta x_{i,t}$、$\Delta y_{i,t}$（$\Delta x_{i,t}=x_{i,t}-x'_{i,t}$，$\Delta y_{i,t}=y_{i,t}-y'_{i,t}$）——第 i 个平台的行进调整距离。

因此，平台编队的能耗可表示为：

$$\mathrm{JE}_t=\prod_{i=1}^{N}\mathrm{JE}_{UP_i t} \tag{3-6}$$

式中　N——无人平台的数量。

定义 3.2　每个无人平台在第 t 时刻的信息传输稳定性定义为：

$$\mathrm{JS}_{UP_i,t}=\frac{\mathrm{sta}}{N} \tag{3-7}$$

$$\mathrm{sta}=\begin{cases}1, & \Delta x_{i,t}^2+\Delta y_{i,t}^2/\mathrm{si}\leqslant 0.25\\ 0, & \text{其他}\end{cases} \tag{3-8}$$

式中　si——无人平台之间的最大传输距离。

相应的，无人编队的传输稳定性为：

$$\mathrm{JS}_t = \sum_{i=1}^{N} \mathrm{JS}_{UP_i t} \tag{3-9}$$

定义 3.3　多无人协同模型的目标函数定义为移动成本和传输稳定性的差异，具体公式为：

$$J_t = \mathrm{JS}_t - \mathrm{JE}_t \tag{3-10}$$

定理 3.1　多无人协同模型可等价为：

$$\max J_t = \min \sum_{i=1}^{N} \Delta x_{i,t}^2 + \Delta y_{i,t}^2 \tag{3-11}$$

证明：由于 s、si 和 N 均为常数，因此，式(3-9)中 JS_t 的最小化等价于：

$$\begin{aligned} \max \mathrm{JS}_t &= \max \sum_{i=1}^{N} \mathrm{JS}_{UP_i t} \\ &= \min \sum_{i=1}^{N} \frac{\mathrm{st}}{N} \\ &\sim \min \sum_{i=1}^{N} \Delta x_{i,t}^2 + \Delta y_{i,t}^2 \end{aligned}$$

式中　～——等效符号。

相似的，式(3-6)中最小化 JE_t 可以导出为：

$$\begin{aligned} \min \mathrm{JE}_t &= \min \prod_{i=1}^{N} \mathrm{JE}_{UP_i t} \\ &= \min \prod_{i=1}^{N} \left(1 - \mathrm{e}^{-\frac{\Delta x_{i,t}^2 + \Delta y_{i,t}^2}{s^2}}\right) \\ &= \max \prod_{i=1}^{N} \mathrm{e}^{-\frac{\Delta x_{i,t}^2 + \Delta y_{i,t}^2}{s^2}} \\ &\sim \min \sum_{i=1}^{N} \mathrm{e}^{\Delta x_{i,t}^2 + \Delta y_{i,t}^2} \\ &\sim \min \sum_{i=1}^{N} \Delta x_{i,t}^2 + \Delta y_{i,t}^2 \end{aligned}$$

由此可以得出结论：式(3-10)与式(3-11)等价，证毕。

由于 $\Delta x_{i,t}$ 和 $\Delta y_{i,t}$ 彼此独立，所以式(3-11)可重写为：

$$\begin{cases} \min J_{t,\Delta x} = \Delta x_1^2 + \Delta x_2^2 + \cdots + \Delta x_N^2 \\ \min J_{t,\Delta y} = \Delta y_1^2 + \Delta y_2^2 + \cdots + \Delta y_N^2 \end{cases} \tag{3-12}$$

3.3.3 编队机制

在城市环境中目标监视受到障碍物、视距等因素的影响，针对这些问题，本章采用多平台协同编队来解决视距问题。另外，重点研究了如何设计多平台之间的协同机制，以避开障碍物并准确规划其跟踪路径。在本节中，根据每个二维激光扫描仪的实时检测结果，设计了两种协同机制。

假设 d_{det} 和 d_{obs} 分别是最短的实时检测距离和距离阈值。当多无人机的所有 $d_{\text{det}}>d_{\text{obs}}$（即每个 θ 均满足 $n_l \times n_w$）时，认为当前跟踪场景中没有障碍物出现。在这种情况下，无须进行避障操作，利用目标位置的光流估计规划无人平台的观测路径。然而，随着监视的不断推进，不可避免地会出现一些障碍物（如树木和建筑物）的遮挡。针对这些问题，设计两种机制，进而提高无人平台编队的行进精度。

定义 3.4 当出现少量障碍物时，采用严格的编队机制调整多无人机的监视位置。严格编队机制的定义为：

$$\begin{cases} |x_{a,t}-x_{i,t}| \leqslant l_i \\ |y_{a,t}-y_{i,t}| \leqslant d_i \end{cases} \quad (i=1,2,\cdots,a-1,a+1,\cdots,N) \tag{3-13}$$

式中 a——满足以下条件的平台编号，$d_{\text{det},a}>d_{\text{obs}}$；

$(x_{a,t},y_{a,t})$——该无人平台在 t 时刻的观测位置；

$(x_{i,t},y_{i,t})$——编队中其他无人平台的最优位置；

l_i 和 d_i——x 轴和 y 轴上的约束项。

不满足这一条件的平台（即 $d_{\text{det,a}}<d_{\text{obs}}$）需要使用椭圆切线模型避开障碍物。在此基础上，根据满足上述条件的第 a 个平台进行回归调整，以保证跟踪目标。

定义 3.5 当某一大区域障碍物出现时，所有平台均需要避开障碍物（$d_{\text{det},i}<d_{\text{obs}}$），采用模糊编队机制来调整多无人平台的行进轨迹。模糊形成机理定义为：

$$\begin{cases} x_{e,t}-x_{i,t} \leqslant \tilde{l}_i \\ y_{e,t}-y_{i,t} \leqslant \tilde{d}_i \end{cases} \quad (i=1,2,\cdots,N) \tag{3-14}$$

式中 $x_{e,t}$ 和 x——根据目标的计算位移矢量（$x_{\text{target},t}$，$y_{\text{target},t}$）估计的中心平台的观测坐标；

$\tilde{l}_i$ 和 $\tilde{d}_i$——模糊因子。

在这种情况下，所有平台的观测位置（$x'_{x,t}$，$y'_{i,t}$）也需要在避障后进行调整。不同于定义 3.4，无人平台没有任何参照，因此须根据 LK 方法得到的目标位置向量来搜索目标的概率区域。为了提高协同模型的容错能力，引入模糊项来约束无人平台编队的观测位置($x'_{x,t}$,$y'_{i,t}$)。图 3-4 展示了三个无人机的模糊调整机制过程。

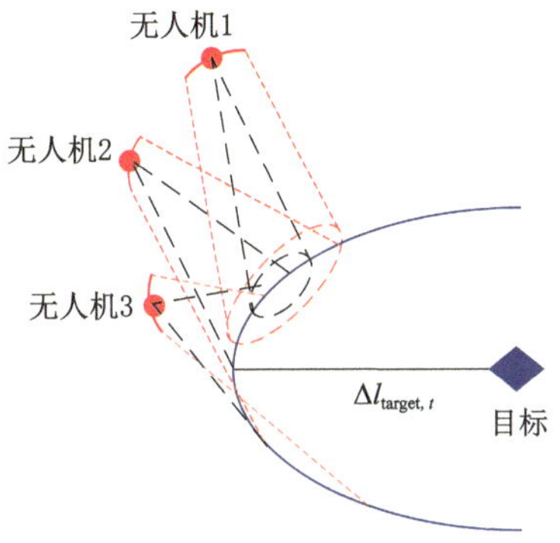

图 3-4　三架无人机的模糊调整机制示例

在图 3-4 中，红圆点表示无人机，蓝色矩形表示被监视的目标。$\Delta l_{\mathrm{target},t}$ 是通过 LK 方法($\Delta l_{\mathrm{target},t}=\sqrt{\Delta \bar{x}^2_{\mathrm{target},t}+\Delta \bar{y}^2_{\mathrm{target},t}}$)获得的 t 时刻的目标位置向量，蓝色曲线 $\Delta l_{\mathrm{target},t}$ 表示目标移动区域。黑线表示每个无人机使用严格编队机制跟踪的视野(定义 3.4)，红线表示每个无人机使用模糊机制跟踪的视野。由图 3-4 可以看出，在协同模型中引入模糊因素可以缓解无人机编队的结构约束。该机制有利于在目标搜索过程中扩大多无人机的监视范围，在 LK 方法存在估计误差的情况下降低目标丢失的风险。

综上所述，本章分别根据每个平台的 Δd_{det} 定义了两种合作避障路径优化机制。它们可以提高编队行进轨迹规划的容错性和监视精度。

3.3.4　模型求解

在多平台编队的路径规划过程中，本章重点研究了固有障碍物的处理。若激光扫描仪检测到障碍物，则执行规避操作。然后，利用协同规划模型对各平台进行回归调整，该模型可以表示为：

$$\begin{cases}\min f(x_t)=\sum\limits_{i=1}^{N}(x_{i,t}-x'_{i,t})^2\\ \text{s.t.}\begin{cases}I\times(|x_{e,t}-x_{i,t}|-\tilde{l}_i)\leqslant 0\\(1-I)\times(|x_{a,t}-x_{i,t}|-l_i)\leqslant 0\end{cases}\end{cases}\tag{3-15}$$

$$\begin{cases} \min f(y_t) = \sum_{i=1}^{N} (y_{i,t} - y'_{i,t})^2 \\ \text{s.t.} \begin{cases} I \times (|y_{e,t} - y_{i,t}| - \tilde{d}_i) \leqslant 0 \\ (1-I) \times (|y_{a,t} - y_{i,t}| - d_i) \leqslant 0 \end{cases} \end{cases} \tag{3-16}$$

式中　I——一个二进制指示符。

具体而言：① 若至少有一个无人平台 a 满足 $d_{\text{det},a} \geqslant d_{\text{obs}}$，则表明目标监视过程中存在一些小的障碍物（即严格编队机制），$I=0$；② 若所有平台都满足 $d_{\text{det},a} < d_{\text{obs}}$，则说明编队行进过程中存在较大的障碍物区域（即定义 3.5），$I=1$。当 $I=0$ 时，合作模型可视为一个二次规划模型，本章采用 Kuhn-Tucker 条件进行快速求解。然而，由于式(3-15)和式(3-16)在 $I=1$ 时包含模糊项，因此将它们定义为模糊二次模型。本节主要介绍模糊二次模型的求解。由于变量 X 和 Y 相互独立，求解过程相似，因此本节仅给出基于 X 的模糊模型的计算过程，首先应用 Kuhn-Tucker 条件将式(3-15)转化为线性规划问题：

$$\begin{cases} \min \varphi(Z) = \sum_{i=1}^{N} z_i \\ v_{N+i,t} + v_{i,t} - 2x_{i,t} - z_{i,t} = -2x'_{i,t} \\ x_{i,t} - x_{N+i,t} + b_{i,t} = 0 \end{cases} \quad (i=1,2,\cdots,N) \tag{3-17}$$

式中　$b_{i,t} = \tilde{l}_i - x_{e,t}$，$x_{N+i,t}$ 和 v_{N+i}——松弛变量，确保 $x_{i,t}$ 的长度与辅助向量 $v_{i,t}$ 相同；

$x'_{i,t}$——一个已知量，表示每个无人平台在 t 时刻在 x 轴上的观测位置。

由于 $\tilde{l}$ 是一个模糊项，所以不能直接求解式(3-17)。因此，提取模糊项 $\tilde{l}$，建立一个模糊线性模型，即：

$$\begin{cases} \min f(X) = \sum_{i=1}^{N} x_i \\ \text{s.t. } x_{i,t} - x_{N+i,t} + \tilde{l}_i - x_{e,t} = 0 \quad (i=1,2,\cdots,N) \end{cases} \tag{3-18}$$

式中　$x_{N+i,t}$——松弛变量，$x_{N+i,t}=0(i=1,2,\cdots,N)$。

根据 Verdegay 理论[85]，式(3-18)可以改写为：

$$\begin{cases} \min f(X) = X \\ \text{s.t. } \{X \in (\mu_i(x))_\alpha [x_{i,t} - x_{e,t} = -l_i - (1-\alpha)p_i]\} \end{cases} \tag{3-19}$$

式中　α——满意度，其满足 $\alpha \in [0,1]$，$(\mu_i(X))_\alpha = \{X \mid \mu_i(X) \geqslant \alpha\}$；

p_i——公差。

为了便于计算，引入了模糊结构元理论[86-87]，式(3-19)可等价为：

$$\begin{cases}\min f(X)=\sum_{i=1}^{N}x_i \\ \text{s.t. } x_{i,t}+l_i+(1-\alpha)p_i-x_{e,t}=0 \quad (i=1,2,\cdots,N)\end{cases} \tag{3-20}$$

式中，$X(x_1,\cdots,x_N)^{\mathrm{T}}\in R^N$。由于式(3-20)删除了模糊项，因此将包含模糊项的式(3-11)转换为如下线性规划模型：

$$\begin{cases}\min \varphi(Z)=\sum_{i=1}^{N}z_i \\ v_{N+i,t}+v_{i,t}-2x_{i,t}-z_{i,t}=-2x'_{i,t} \\ x_{i,t}-x_{N+i,t}+l_i+(1-\alpha)p_i-x_{e,t}=0\end{cases} \tag{3-21}$$

相似的，将基于 Y 的模糊模型转化为一个线性问题。最终结果如下：

$$\begin{cases}\min \varphi(H)=\sum_{i=1}^{N}h_i \\ u_{N+i,t}+u_{i,t}-2y_{i,t}-h_{i,t}=-2y'_{i,t} \\ y_{i,t}-y_{N+i,t}+d_i+(1-\alpha)q_i-y_{e,t}=0\end{cases} \tag{3-22}$$

式中，h_i 和 u_i 是在 t 时刻内求解该模型的辅助向量。

3.3.5　固有安全约束

在多平台协同轨迹规划过程中，由于假设平台分布在同一高度，一旦优化的行进距离不受限制，多平台之间就有发生碰撞的风险。为了避免这个问题，须确保无人平台之间保持一定的安全距离[88-89]。

与其他方法不同的是，本章将无人平台的行进安全距离视为一些固有约束，即如果多无人平台跟踪路径规划模型的最优解不满足固有约束，则最优解无效，需要重新规划。为了简化多个平台之间安全距离的统计过程，本节为编队中的每个平台提供一个编号，并按升序依次计算与无人平台之间的距离。固有约束公式为：

$$\begin{cases}\Delta x_{i,k}=(x_{i,t}-x_{k,t})^2 \\ \Delta y_{i,k}=(y_{i,t}-y_{k,t})^2 \\ \sqrt{\Delta x_{i,k}+\Delta y_{i,k}}\geqslant d_{\text{safe}}\end{cases} \tag{3-23}$$

式中，d_{safe} 是一个常数，表示无人平台的最小安全距离。

式(3-23)表明，对于两个无人平台而言，仅需计算一次安全距离，所以可降低所提出的协同规划模型的复杂度，因此，本节提供了总共 $N(N+1)/2$ 个固有约束条件。

3.3.6 算法设计

在多平台编队路径规划中,不仅要考虑避障问题,还要设计一些协同机制来保证目标监视的准确性。本节提出的优化算法的实现过程见算法 3-1。

算法 3-1 MCPO 算法

输入:满意度 α,无人平台数量 N,当前编队位置($x'_{i,t}$,$y'_{i,t}$),各平台的激光距离检测值 $d_{\text{det},i}$;

输出:各平台的位移坐标($x_{i,t}$,$y_{i,t}$);

for $t = 1$ to n do

  $N_d \leftarrow 0$;

  $A[N] \leftarrow 0$;

  采用 LK 光流法计算目标当前的运动位移;

  采用式(3-2)和式(3-3)估计目标在下一时刻的位置($x_{\text{target},t}$,$y_{\text{target},t}$);

  for $i = 1$ to N do

    if $d_{\text{det},i} \leqslant d_{\text{obs}}$ then

      利用椭圆切线模型实现无人平台的避障策略;

      $N_d \leftarrow N_d + 1$;

      $A[i] \leftarrow 1$;

    else

      根据估计的目标位置调整平台 i 的监视位置($x_{i,t}$,$y_{i,t}$);

  for $i = 1$ to N do

    if $N_d == 0$ then

      $x_{i,t} \leftarrow x'_{i,t}$,$y_{i,t} \leftarrow y'_{i,t}$;

    else if $N_d \geqslant 1$ and $N_d < N$ then

      StrictMechanism();

      IConstraint();

      当 $A[i] == 1$ 时,调整平台 i 的监视位置($x_{i,t}$,$y_{i,t}$);

    else

      FuzzyMechanism();

      IConstraint();

      调整所有平台的监视位置($x_{i,t}$,$y_{i,t}$);

  $t \leftarrow t + 1$

对于相邻时刻 Δt,首先用 LK 光流方法计算目标的当前运动位移,然后用移动平均法[即式(3-2)和式(3-3)]估计目标的位置($x_{\text{target},t}$,$y_{\text{target},t}$)。然后,根据估计的目标位置调整平台 i 的观测位置($x_{i,t}$,$y_{i,t}$)。然而,由于路径规划过程中存在许多不确定尺度的障碍物,影响了部分平台的监视效果,因此本章设置了两种机制来判断当前的观测状态(见算法 3-2 和算法 3-3)。

算法 3-2 StrictMechanism()

$a \leftarrow 0$;

$x_{a,t} \leftarrow 0$,$y_{a,t} \leftarrow 0$;

for $i = 1$ to N do

  通过二维激光扫描仪实时估计平台 i 的障碍距离 $d_{\text{det},i}$;

  if $d_{\text{det},i} > d_{\text{obs}}$ then

    $a \leftarrow i$;

    $x_{a,t} \leftarrow x_{i,t}$,$y_{a,t} \leftarrow y_{i,t}$;

    break;

  for $i = 1$ to N_d do

    建立协同编队规划模型,以平台 a 为中心,调整其他平台的最佳监视位置;

    利用 Kuhn-Tucker 条件求解协同规划模型:$x_{i,t} \leftarrow x'_{i,t} + \Delta x_{i,t}$,$y_{i,t} \leftarrow y'_{i,t} + \Delta y_{i,t}$

算法 3-3 FuzzyMechanism()

$e \leftarrow 0$;

$x_{e,t} \leftarrow 0$,$y_{e,t} \leftarrow 0$;

根据目标的计算位移矢量($x_{\text{target},t}$,$y_{\text{target},t}$)估计中心无人平台的观测坐标($x_{e,t}$,$y_{e,t}$);

$x_{e,t} \leftarrow x$,$y_{e,t} \leftarrow y$;

for $i = 1$ to N do

  建立协同编队规划模型,以平台 e 为中心,调整其他平台的最佳监视位置;

  利用式(3-21)和式(3-22)求解协同规划模型:$x_{i,t} \leftarrow x'_{i,t} + \Delta x_{i,t}$,$y_{i,t} \leftarrow y'_{i,t} + \Delta y_{i,t}$

当 $N_d \in [1, N]$时,StrictMechanism()中的 N_d 用于解决存在小障碍物的问题,选择无障碍物干扰的平台 a 为中心,用式(3-15)和式(3-16)调整其他平台的位置。如果 $N_d = N$,说明在多平台编队行进过程中存在大范围的障碍物,本章利用 FuzzyMechanism()添加模糊约束来解决这个问题。特别的,以目标的向量($x_{\text{target},t}$,$y_{\text{target},t}$)估计的平台位置为中心来确定所有平台的观测位置。最后,利用 IConstraint()验证上述协同机制的有效性。若不满足固有约束条件,则需要通过这两种机制重新计算每个平台的次优观测位置(见算法 3-4)。

算法 3-4　IConstraint( )

IC←0;
for i = 1 to $N-1$ do
  for j = $i+1$ to N do
    通过式(3-23)依次计算各无人平台 i 的调整距离($\Delta x_{i,t}$,$\Delta y_{i,t}$)和 d_{safe};
    if $\sqrt{\Delta x_{i,k}+\Delta y_{i,k}}<d_{\text{safe}}$ then
      IC←1;
if IC==0 then
  if $N>N_d\geqslant 1$ then
    利用 StrictMechanism()重新计算每个平台的调整距离($x_{i,t}$,$y_{i,t}$);
  else
    利用 FuzzyMechanism()重新计算每个平台的调整距离($x_{i,t}$,$y_{i,t}$)

3.4　试验结果与分析

为了验证多无人平台协同路径优化模型 MCPO 的有效性,本节对协同优化模型的性能进行了仿真评估。具体来说,在虚幻引擎(unreal engine 4,UE4)上进行了三维建模,并以无人机协同路径规划为例,在其上运行对比方法,更直观地展示了多平台协同的规划效果。在本节中,总仿真时间为 200 s,采样周期为 1 s,即 MCPO 模型每秒规划一次每个无人机的飞行路径。城区规模为 2 500 m×3 000 m,UE4 的仿真环境如图 3-5 所示。

图 3-5(a)和图 3-5(b)分别展示了城市建筑布局的平面图和全局地图。图 3-5(c)显示了多无人机协同编队的监视效果,特别是图 3-5(c)右图的左上角显示了每个无人机观察目标的视野范围。

3.4.1　参数设置和评估指标

在仿真试验中,UE4 平台首先将无人机采集到的图像和建筑物的结构信息实时发送到规划算法,然后利用不同的算法估计目标位置,计算下一时刻多无人机的运动距离。最后,将这些信息传回到 UE4,以调整无人机的飞行轨迹。在这个过程中,需要交互的信息主要包括无人机 ID、三维坐标等,考虑到协同飞行的稳定性,在仿真系统中选择了 $N=3$,即三架无人机跟踪一个运动的地面目标。

① 无人机模型:假设多架无人机以可变速度在恒定高度飞行,飞行过程中的扰动(如风)可以忽略不计。因此,惯性系中每架无人机的运动学模型写为:

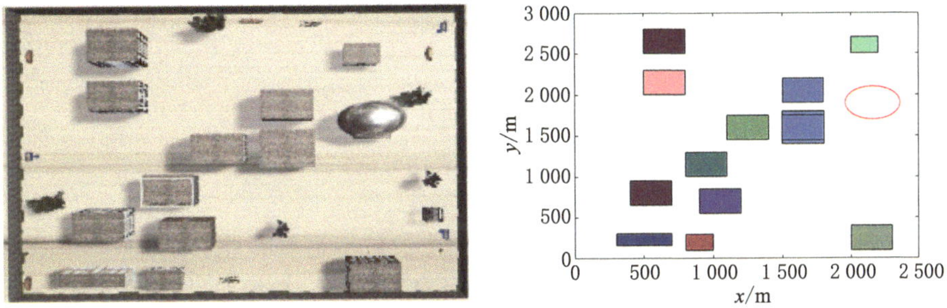

（a）城市建筑布局的平面图

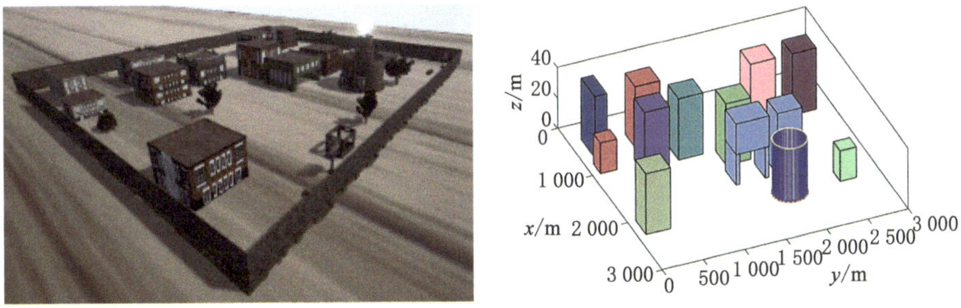

（b）城市全局图

（c）无人机监视跟踪过程

图 3-5　UE4 中的多无人机监视

$$\begin{cases} v_{xi} = v_i \sin \varphi_i \\ v_{yi} = v_i \cos \varphi_i \\ v_{zi} = 0 \\ x_i = x_{i-1} + v_{xi} \times \Delta t \\ y_i = y_{i-1} + v_{yi} \times \Delta t \\ z_i = z_{i-1} \end{cases} \tag{3-24}$$

式中，φ_i 和 v_i 分别是无人机的航向和速度。

无人机的其他重要参数是：x 轴或 y 轴上的最小速度为 20 m/s，最大速度为 40 m/s，x 轴或 y 轴上无人机之间的安全距离为 10 m，初始位置分别为(85,7)、(85,160)和(135,75)，飞行高度为 30 m。

② 目标模型：将目标建模为在道路上行驶的地面无人车(ground unmanned vehicle，GUV)，其速度是可变的，目标轨迹如下：

$$\begin{cases} x(t) = 100 + 10t \\ y(t) = 100 + 10t - 100\sin(0.02t) + 100\sin(0.1t) \end{cases} \tag{3-25}$$

(1) d_{obs}的选择

在本章中，MCPO 采用椭圆切线模型，利用距离阈值 d_{obs}对每架无人机进行避障，分析了多架无人机的协同编队条件，可见 d_{obs}是协同路径优化的关键参数。为了选择合适的距离阈值，本节在 UE4 中设置了 50 个不同尺度的建筑物作为障碍物来检验切线模型的有效性。单个无人机的避障性能如图 3-6 所示。

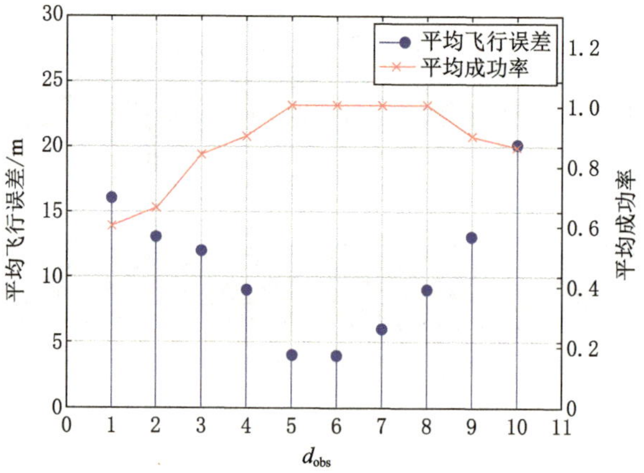

图 3-6 单无人机的避障性能对比

由图 3-6 可以看出，椭圆切线模型在 $d_{obs} \in [5,8]$ 时表现出最好的性能，平均成功率在 0.95 以上。但如果 d_{obs} 太小，避障性能则较差，平均成功率小于0.8，飞行误差较大。由于障碍物与无人机的距离较小，容易出现切线过长的问题，导致无人机飞行误差增大，特别是无人机的速度惯性容易引起碰撞。同样，如果 d_{obs} 过大，飞行误差也相应增加，平均误差超过 10 m。这一现象的原因是无人机的视觉受到障碍物接近程度的限制，距离远，障碍物信息获取不完整，椭圆规划不准确。在飞行过程中，随着无人机和障碍物不断靠近，切线不断调整，导致飞行误差增大。因此，综合考虑这两个指标，在本章中设置 $d_{obs}=8$。

(2) 性能评估

由于无人机协同航迹规划是近年来出现的一个研究热点，目前还没有成熟的评估指标，因此，本节参考航迹误差(path error，PE)来评估规划方法的有效性，将实际规划航迹与理想航迹进行比较[90]。

无人机编队能在理想情况下(无人机观测角度不变)精确跟踪目标。然而，实际场景中存在遮挡、背景杂波等问题，使得无人机偏离跟踪轨迹甚至失去目标。所设计的 PE 可以度量协同方法对这些问题的处理能力，证明无人机编队的监视有效性。在不受障碍物等因素影响的情况下，所有无人机都能与目标保持一定距离进行编队飞行，从而保证对目标的实时、准确观测。这种情况下的飞行轨迹如图 3-7 所示。

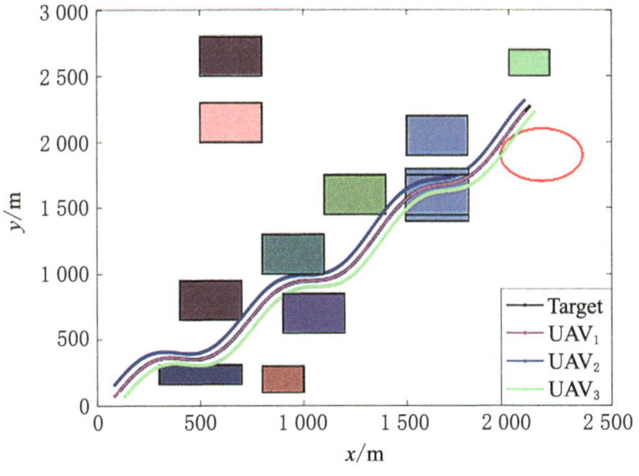

图 3-7　无人机编队的理想飞行轨迹

图 3-7 中的矩形和椭圆形分别代表不同的建筑物。黑色曲线代表目标的轨迹，粉色、蓝色和绿色分别代表无人机的理想飞行轨迹。然而，实际场景中所包

含的障碍物或不可接近区域直接影响到无人机无法按照这些轨迹飞行。因此，本节使用 PE 来衡量这些问题的合作规划策略的处理能力，PE 表示如下：

$$PE_{i,t} = FT_{UAV_{ideal,i},t} - FT_{UAV_i,t} \tag{3-26}$$

式中，$FT_{UAV_{ideal}}$ 表示 UAV_i 在时间 t 的理想飞行轨迹；$FT_{UAV_i,t}$ 是 UAV_i 使用某些规划算法的真实路径。本节试验在每个时刻都计算 $PE_{i,t}$ 来衡量规划模型的误差。

3.4.2 模型性能分析

为了说明所提出规划方法的性能，本节按机制拆分提出协同模型，并验证了每种机制的有效性。RFCM——去除模糊约束机制。两种方法的飞行结果如图 3-8、图 3-9 和图 3-10 所示。

两种方法的编队飞行轨迹如图 3-8(a)和(c)所示。MCPO 与 RFCM 的区别在于对大范围障碍物的处理。因此，为了清楚地显示两种方法之间的差异，在图 3-8(b)和(d)中绘制了两种方法的优化局部路径。由图 3-8(b)和(d)可以看出，MCPO 编队飞行状态较稳定，总体监视距离小于 RFCM。为了进一步比较两种方法的性能，图 3-9 和图 3-10 详细地展示出了在飞行过程中两种方法的参数的比较。

图 3-9(a)和图 3-10(a)主要展示了所提出的二次模型的解。其中，1.0 表示已成功获得最优解，0 表示未使用该模型，其他值表示该模型未能求解。由图 3-9 和

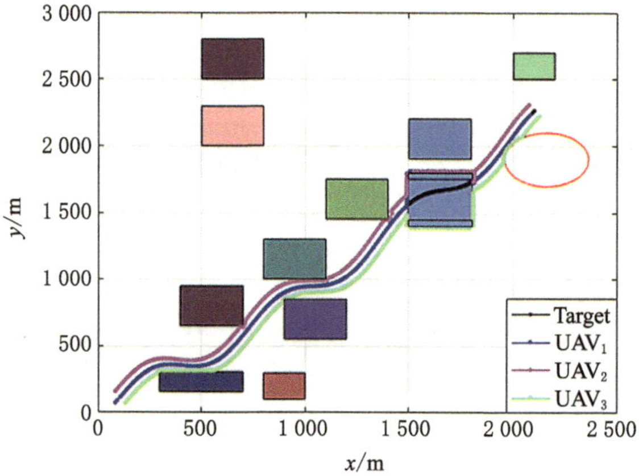

(a) MCPO的编队飞行轨迹

图 3-8 两种方法的编队飞行轨迹

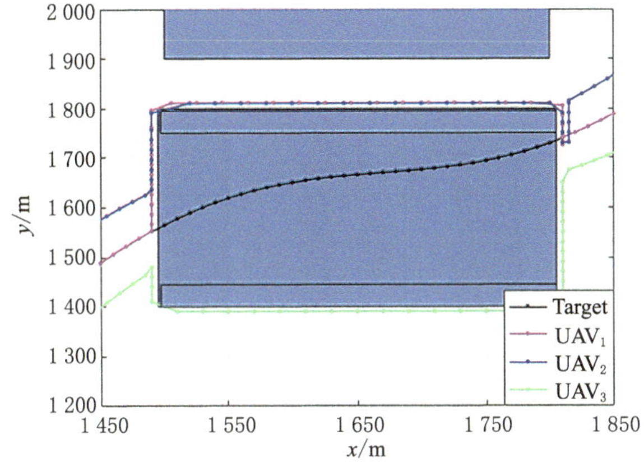

（b）MCPO的局部编队飞行轨迹

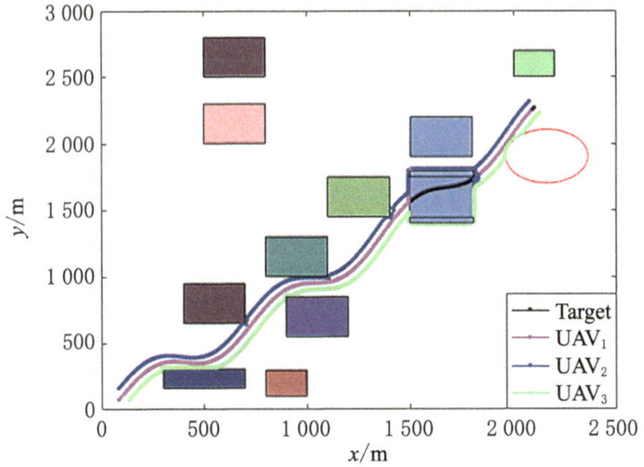

（c）RFCM的编队飞行轨迹

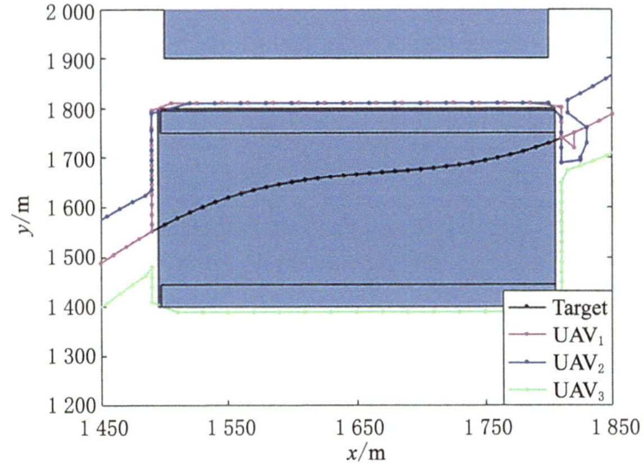

（d）RFCM的局部编队飞行轨迹

图 3-8　（续）

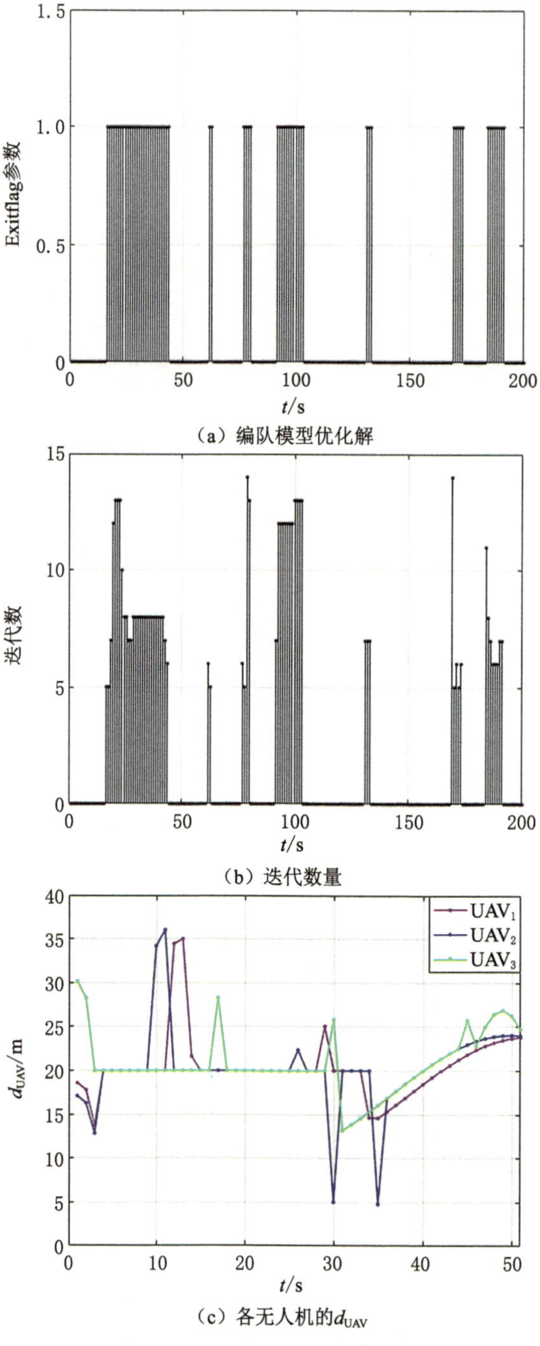

图 3-9 MCPO 方法的编队监测跟踪结果

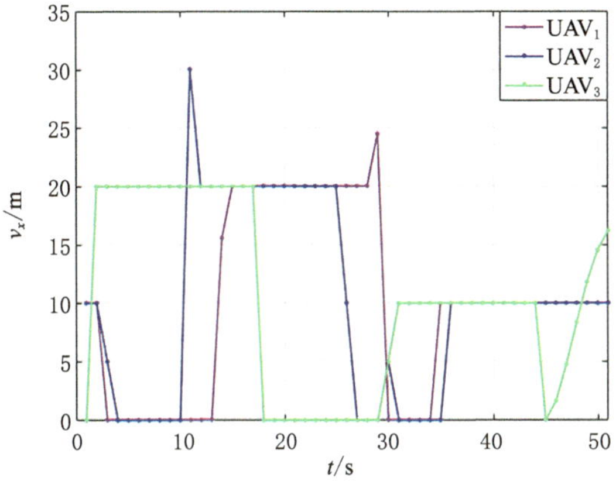

(d) 各无人机的v_x

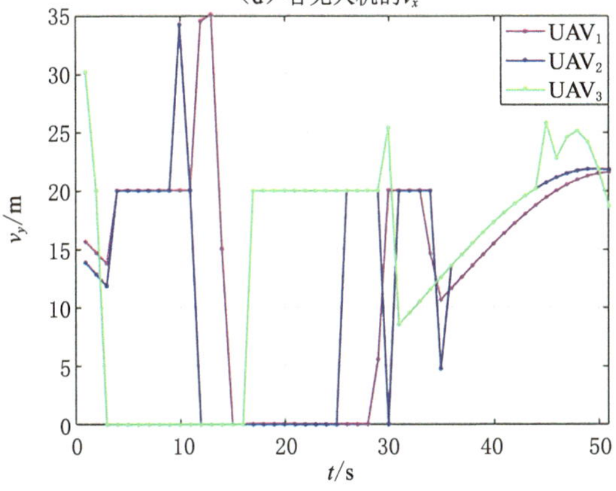

(e) 各无人机的v_y

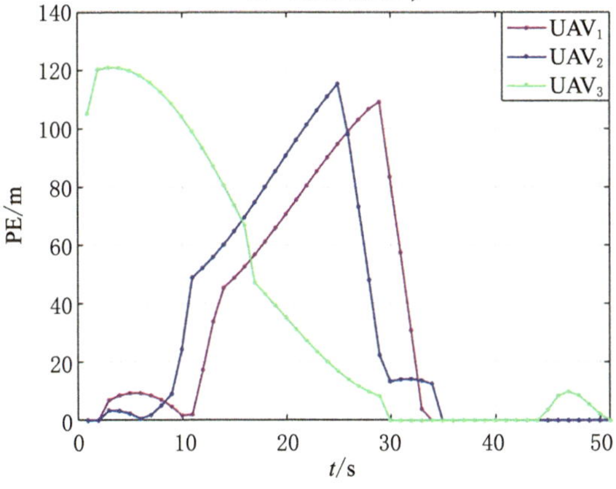

(f) 各无人机的PE

图 3-9 （续）

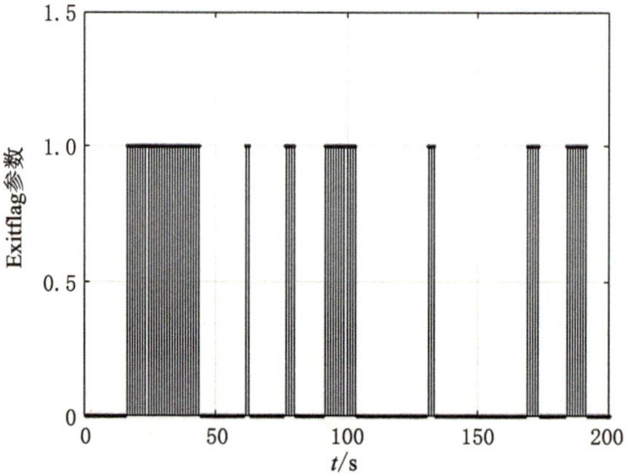

（a）编队模型优化解

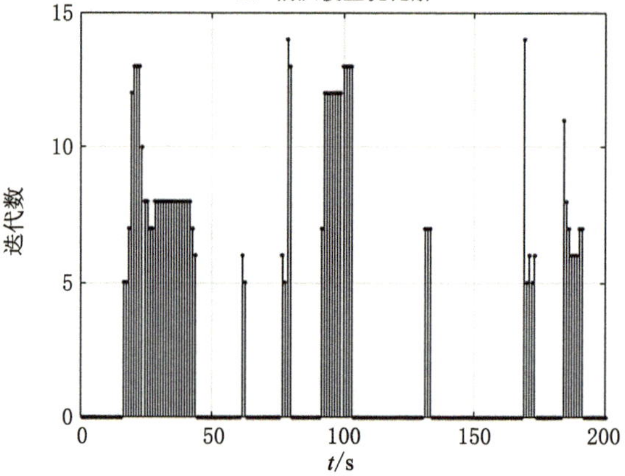

（b）迭代数量

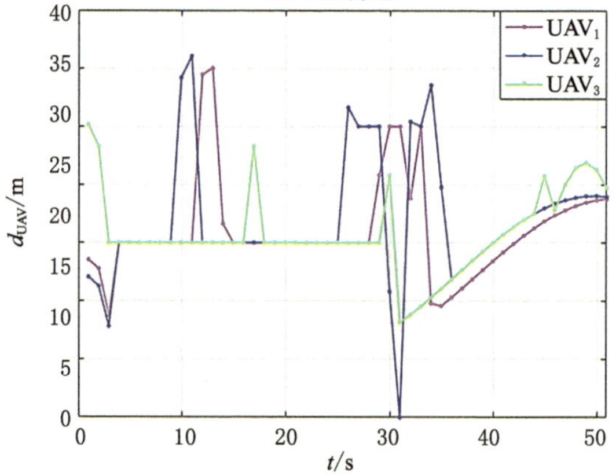

（c）各无人机的d_{UAV}

图 3-10　RFCM 方法的编队监测跟踪结果

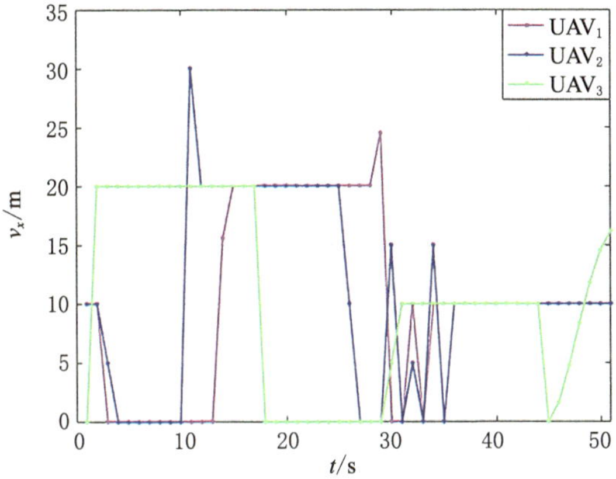

（d）各无人机的v_x

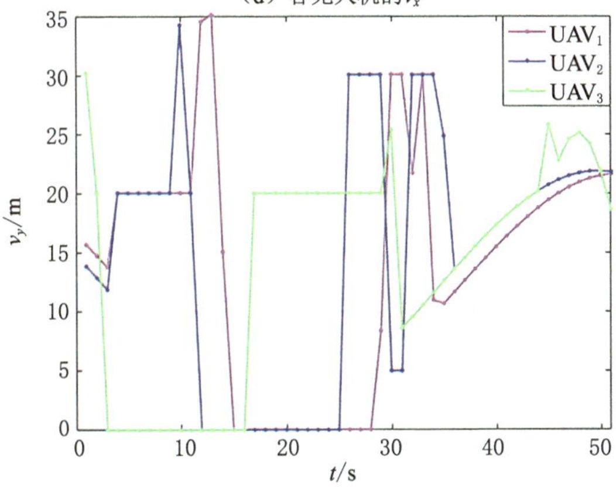

（e）各无人机的v_y

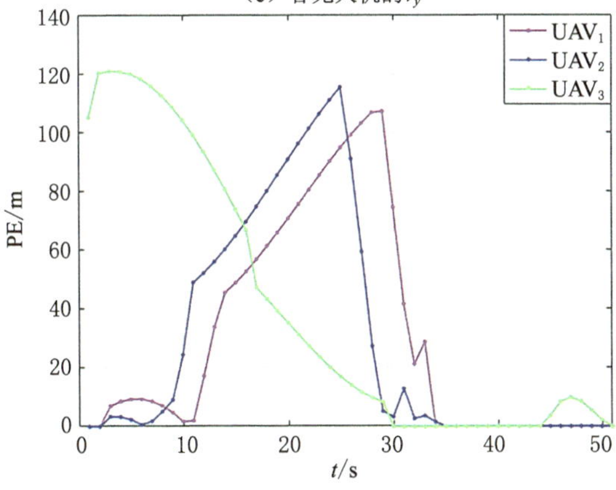

（f）各无人机的PE

图 3-10 （续）

图 3-10 可以观察到这两个模型都得到了最优解。同时,图 3-9(b)和图 3-10(b)表示求解过程的迭代次数。由图 3-9 可以看出,两种模型都具有较快的收敛速度,进一步证明了它们的有效性。根据 d_{UAV} 的对比结果可以看出,当障碍物为较大区域时,RFCM 有一定程度的波动,特别是在 25～35 s 的区间内,波动更为明显,最大位移为 25 m;而 MCPO 的最大位移约为 15 m,运动轨迹更为复杂,且比较平稳。其原因是在规划模型中引入模糊决策项,放松编队约束,在 UAV_3 重新识别目标后快速调整其他两架无人机的观测位置,从而减小了无人机编队的飞行误差。

对于 PE 的比较,RFCM 采用了严格的约束机制进行协同避障控制,当出现大区域障碍物时,强约束限制了无人机编队的搜索范围,进一步降低了协同优化的精度。相比之下,MCPO 方法使用不同的约束机制来跟踪不同障碍物的目标,可以有效地减少路径误差。表 3-1 显示了两种方法 v_x、v_y、d_{UAV} 和 PE 的平均值比较。两种方法平均 PE 的误差比较接近,这是因为在此期间无人机编队的监视轨迹均遇到了大面积障碍物,造成了路径规划的大范围误差,同时也证明了引入模糊项的重要性。

表 3-1 大区域障碍物的性能比较

属性	方法	UAV_1	UAV_2	UAV_3
v_x 均值/m	MCPO	9.92	9.82	9.82
	RPCF	10.39	10.59	10.24
v_y 均值/m	MCPO	9.92	9.82	9.82
	RPCF	13.99	14.94	13.84
d_{UAV} 均值/m	MCPO	13.09	12.75	12.92
	RPCF	21.11	22.01	20.83
PE 均值/m	MCPO	29.74	28.78	39.48
	RPCF	29.97	30.81	39.48

由表 3-1 可以看出,当大区域障碍物出现时,MCPO 在 v_x、v_y、d_{UAV} 和 PE 的比较中具有明显的优势。v_x 和 v_y 的计算结果表明,MCPO 保持稳定的飞行状态,飞行速度约为 9.85 m/s。同时,d_{UAV} 的计算结果进一步证明了该方法的优越性,三架无人机的平均位移为 13.96 m。与 MCPO 相比,采用 RFCM 的三架无人机的平均位移为 21.32 m,进一步说明了模糊约束的重要性,它不仅可以扩大编队监视的范围,而且可以保证编队飞行的平稳性。

3.4.3 与现有流行方法对比

为了进一步验证 MCPO 方法的有效性，本节进行了一组与现有流行方法性能比较试验。由于目前还未有相似的工作，因此比较模型是通过修改现有基于分布式预测的协同规划方法实现的。该模型的简要说明如下。基于分布式预测的协同规划方法(cooperative planning based on distributed prediction，CPDP)是由 Hu 等[91]提出的，其重点是估计目标位置。该方法将扩展卡尔曼滤波与概率估计相结合，对未知目标的状态进行预测。在此基础上，建立了基于建筑物遮挡和无人机能耗的多无人机路径规划模型。另外，CPDP 是一种不包含协同飞行策略的分布式飞行控制方法，为了体现试验的公平性，本节对其进行了改进，并在规划模型中加入了无人机的初始编队约束，以更好地体现对比试验的效果。

将提出的 MCPO 与 CPDP 在同一位置的飞行性能进行了比较，两种方法的飞行结果分别如图 3-11 和图 3-12 所示。由图 3-11(a)、(b)和图 3-12(a)和(b)可以看出，MCPO 的运动轨迹比较平滑。该模型在障碍物出现时利用所提出的协同机制有效地控制了无人机编队的飞行观测位置，保证了协同监视的准确性。在编队飞行速度方面，两种方法都满足试验设定 $v_x, v_y \in [0,40]$。d_{UAV}的结果表明，MCPO 具有更稳定的编队飞行能力，飞行位移间隔为(5，15)，而 CPDP 的飞行位移间隔为(5，20)，最大位移为 40 m，达到了无人机的位移上限，不利于目标的连续监视。

特别是在 PE 的比较中，由于 CPDP 仅采用初始编队机制进行协同控制，当障碍物出现时，无人机的路径误差较大，无法保证协同编队的精度。但 MCPO 在同一情况下采用不同的约束策略进行编队控制，可以有效地减少路径误差(每架无人机的 PE 小于 20 m)。即使在大区域障碍物出现时，该方法也试图通过模糊项来放松避障约束，增加编队的监视范围。其他无人机可以在单个无人机重新识别目标后快速响应，从而提高协同避障的精度。

为了进一步比较两种方法的协同路径规划性能，本节分别计算了 v_x、v_y、d_{UAV}和 PE 的平均值，结果见表 3-2。由表 3-2 可以看出，当 v_x、v_y 和 d_{UAV}的结果相等时，使用 CPDP 的无人机编队的 PE 平均值为 23 m，而 MCPO 仅为 9.1 m，这表明了本章提出的协同机制的有效性。

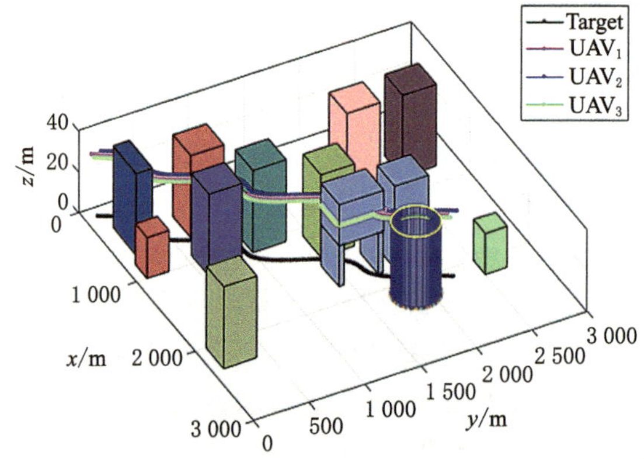

（a）3D飞行轨迹

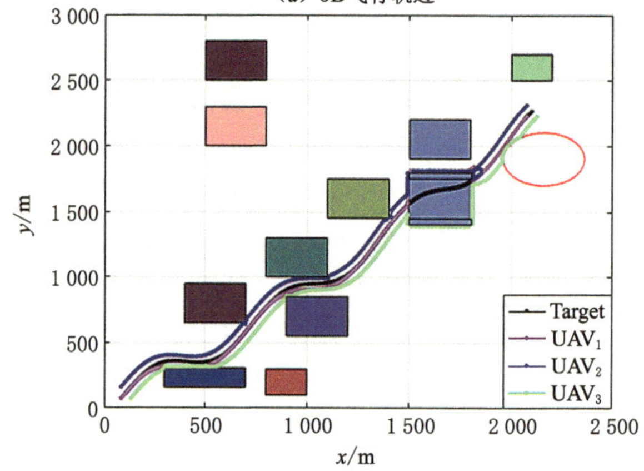

（b）2D飞行轨迹

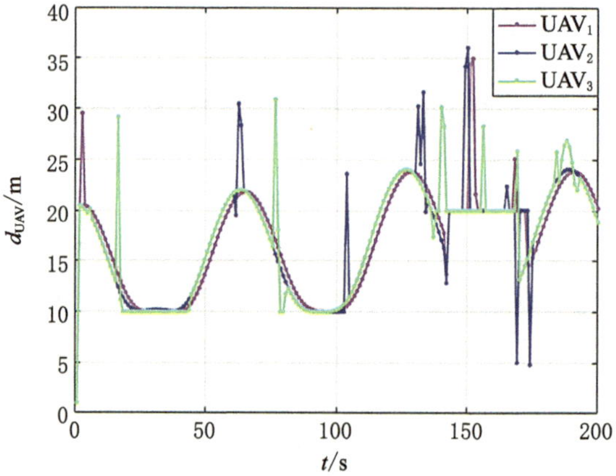

（c）各无人机的d_{UAV}

图 3-11　MCPO 编队飞行结果

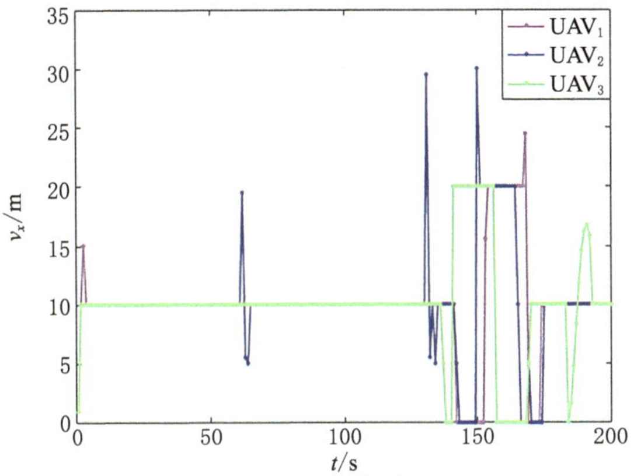

（d）各无人机的v_x

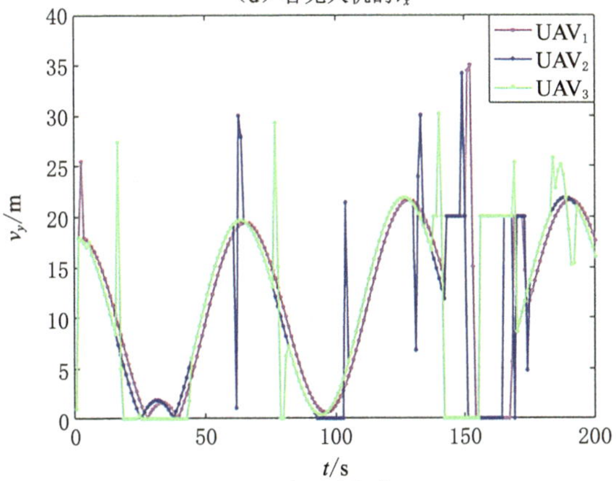

（e）各无人机的v_y

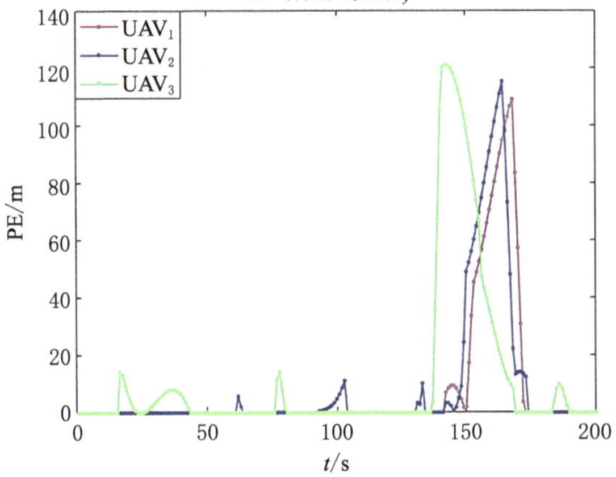

（f）各无人机的PE

图 3-11　（续）

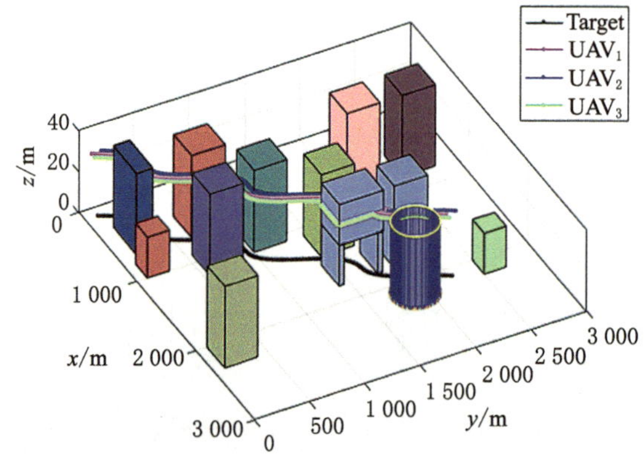

（a）3D飞行轨迹

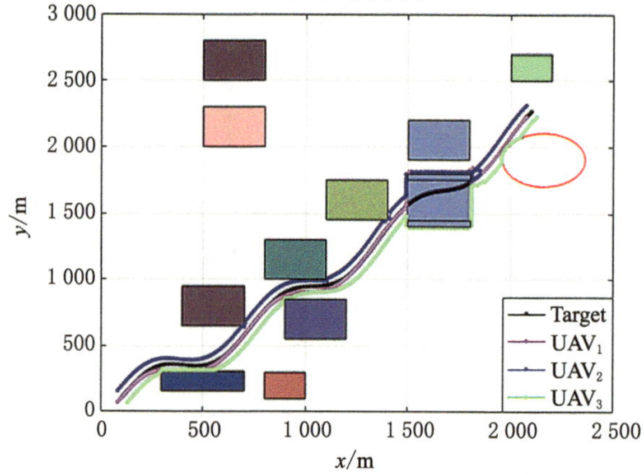

（b）2D飞行轨迹

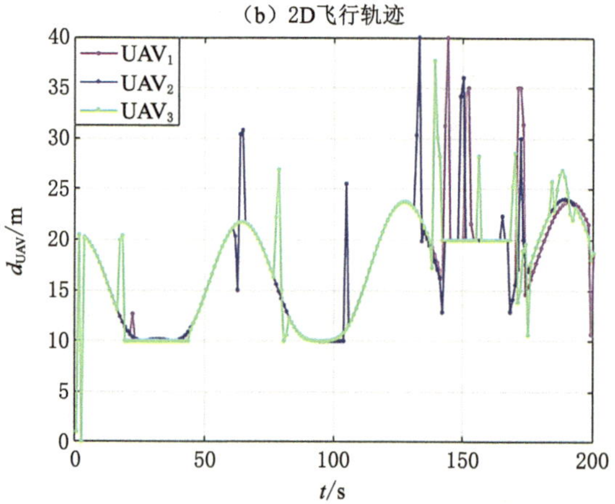

（c）各无人机的d_{UAV}

图 3-12　CPDP 编队飞行结果

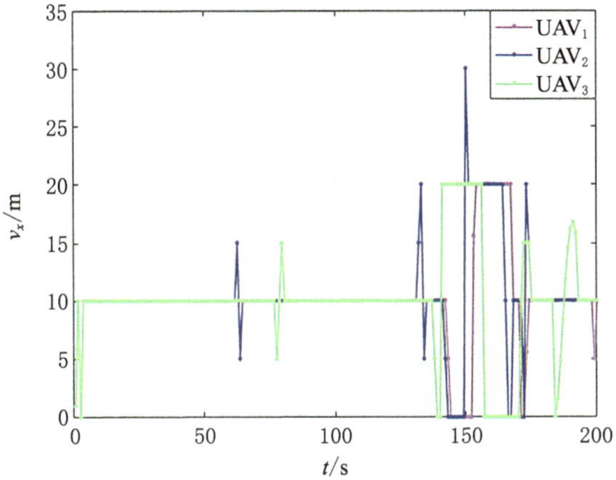

（d）各无人机的v_x

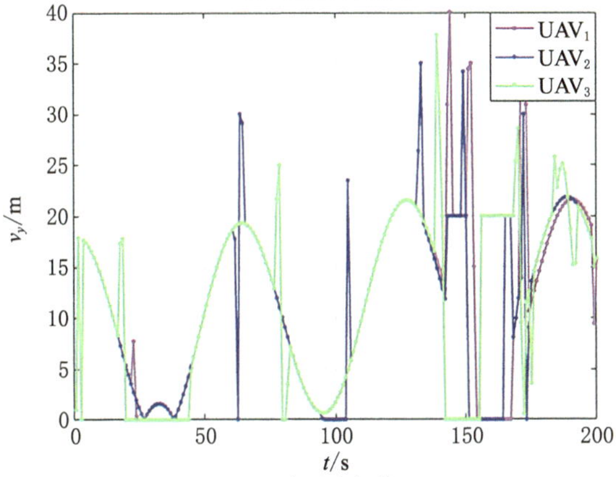

（e）各无人机的v_y

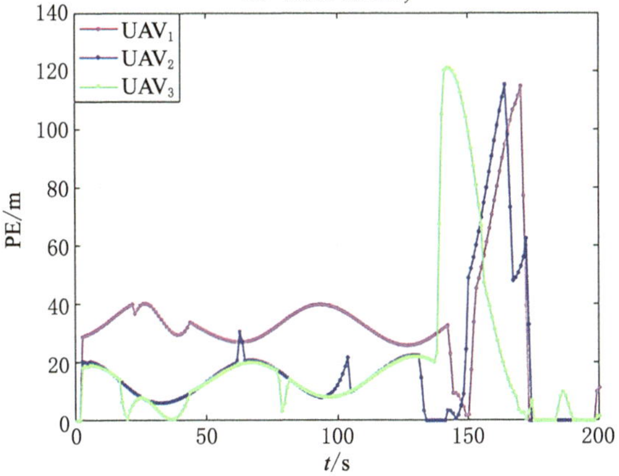

（f）各无人机的PE

图 3-12 （续）

表 3-2　与现有方法的性能对比

属性	方法	UAV_1	UAV_2	UAV_3
v_x 均值/m	MCPO	9.98	10.01	9.96
	CPDP	10.01	10.31	9.96
v_y 均值/m	MCPO	11.78	11.71	11.66
	CPDP	11.76	11.56	11.63
d_{UAV}均值/m	MCPO	17.11	17.20	17.23
	CPDP	17.16	17.15	17.27
PE 均值/m	MCPO	7.64	8.19	11.45
	CPDP	31.30	18.41	19.56

3.5　本章小结

本章重点研究了如何提高无人平台编队协同避障能力和监视能力，同时考虑各平台的行进稳定性。首先，以最小化编队飞行距离为目标函数，提出一种多无人机协同路径优化模型。在该模型中，利用机载二维激光扫描仪对当前监控环境进行判定，从而确定模型的约束条件。当小规模障碍物出现时，提出基于严格约束的控制机制，增强编队监视飞行的协同控制能力，获得精确的各平台观测位置结果。另外，当大规模障碍物出现时，由于各平台均需避障操作，利用 LK 方法对目标位置进行实时预测，并建立模糊约束机制，扩大编队监视的搜索范围，从而提高优化模型的容错能力。在上述定义和选择策略的基础上，本章引入模糊结构元理论，保证优化模型解的有效性。为了验证提出的 MCPO 方法的性能，本章在 UE4 平台进行 3D 仿真测试，并与现有算法进行比较。试验结果表明，MCPO 无论是在编队稳定性上还是监视准确性方面均具有明显优势。

第 4 章　前景约束下的抗干扰匹配目标跟踪方法

基于视频序列的运动目标跟踪技术是计算机视觉领域研究的热点问题，在军事领域、人机交互、智能交通和医学图像处理等领域发挥着重大作用。近年来，基于模型匹配的跟踪方法层出不穷，也取得了优秀的跟踪效果。Zhong 等[92]提出了基于稀疏的协同模型跟踪方法，利用目标的全局特征与局部特征相结合的方式进行相似匹配，在标准库 OTB50 上跟踪成功率为 49.9%，跟踪精度可达 64.8%。Kalal 等[93]创新性地将长期跟踪分为三个子模块：跟踪、学习、检测。三个模块相互作用，取得了一定的跟踪效果，在标准库上跟踪成功率为 43.7%，跟踪精度为 60.8%。但基于模型匹配的跟踪方法仍存在一些不足，特别是在复杂场景中若存在与目标特征极为相似的运动物体或图像背景较为繁杂，会使得构建外观模型的难度增加且目标容易淹没在背景中，而导致跟踪漂移甚至丢失目标。

针对复杂场景中的相似物体干扰、光照变化、背景杂波等问题，提出一种前景约束下的抗干扰匹配目标跟踪方法(anti-interference matching under foreground constraint，AMFC)。首先在前 m 帧图像序列中使用简单的模型匹配算法进行跟踪，并利用超像素分割所获得的目标区域，建立由若干超像素块组成的训练样本集。将具有相同颜色特征的超像素块集合进行均值聚类组建簇集合，计算每个簇的置信度概率，建立初始判别外观模型。然后利用基于 LK 光流法框架下的模型匹配，寻找最佳匹配块，引入高斯噪声模型防止强光照对目标跟踪的影响。同时，AMFC 方法引入决策判定，避免前景区域中相似物体的干扰，进而实现精确的目标跟踪。最后利用 EM(expectation maximization)模型估计下一帧图像的前景参数信息，并对目标是否发生严重遮挡进行判断。若发生遮挡，在特征集中加入适当补偿，即可获得新的判别外观模型。

4.1 抗干扰匹配跟踪总体流程

AMFC 方法分为建立判别外观模型、局部模型匹配和模型更新三个过程。AMFC 方法流程如图 4-1 所示。

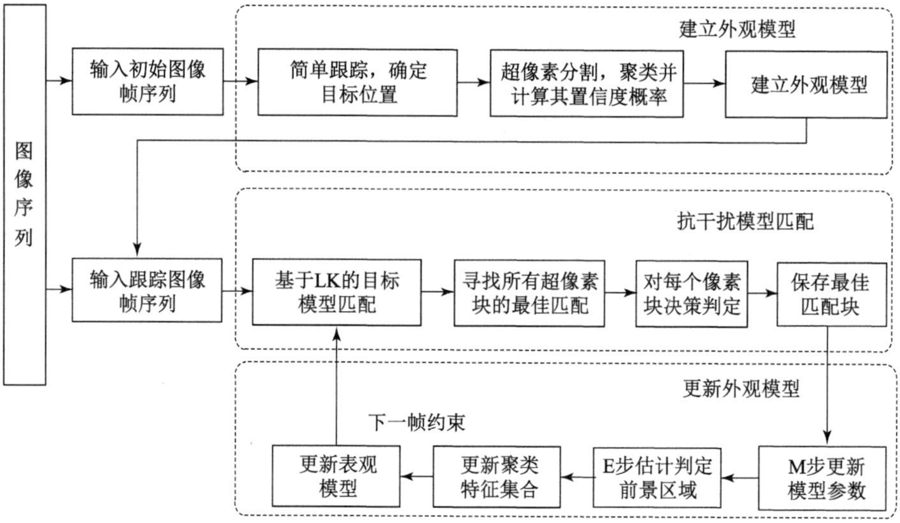

图 4-1　AMFC 方法流程

① 建立判别外观模型。在前 m 帧图像序列中使用简单的模型匹配算法进行跟踪，确定 m 帧图像的目标区域。再利用超像素分割每帧获得的目标区域，建立由若干超像素块组成的训练样本集。然后利用均值聚类算法将具有相同颜色特征的超像素块集合到一个簇中，从而组建簇集合。最后，计算每个簇的置信度概率，判断其是否属于目标区域，从而利用超像素块的特征以及置信度概率建立初始判别外观模型。

② 局部模型匹配。利用基于 LK 光流框架下的模型匹配，对于新的图像帧估计目标的前景区域。在此区域中进行最佳模型匹配，计算每个超像素块的匹配概率，寻找最佳匹配块。同时引入高斯噪声模型和决策判定，防止强光照以及前景区域中相似物体对目标跟踪过程的干扰。重复此过程，完成目标模型的匹配，从而对目标进行准确跟踪。

③ 外观模型的更新。首先利用 EM 模型估计下一帧图像的前景参数信息，EM 模型由两部分组成：E 步估计前景信息，M 步进行参数优化。然后判断目标

是否发生严重遮挡，若未发生严重遮挡，则利用最新帧的跟踪结果替换外观模型中最旧帧；若发生严重遮挡，则选择与当前最近帧作为被替换帧，并将被替换帧中的部分特征作为补偿集。将得到的特征合并到当前帧的目标特征集合中，对该聚类集合重新计算置信度获得新的判别外观模型。

4.2　抗干扰匹配跟踪模型设计

当目标处于复杂场景，特别是面对相似物体干扰、背景杂波问题时，现有基于模型匹配的跟踪方法易发生跟踪漂移，甚至丢失目标等问题。本书在跟踪过程中建立由超像素块组成的目标模型，并设计一种新的抗干扰匹配方法确定目标的最优匹配区域，同时实时更新目标的外观模型。

4.2.1　判别外观模型

为了建立可以区分背景的外观模型，需要一个样本集进行训练。首先利用简单的 EMD(earth mover's distance)模型匹配算法[94]跟踪前 m 帧（在试验中 m 取 4）视频图像序列，确定每帧图像中目标的位置信息。然后利用超像素分割算法分割训练图像帧中扩展目标区域，具体过程如下：

① 扩展目标区域：以圈定目标区域的中心点为中心点、对角线长度为目标区域对角线长度的 1.5 倍进行扩展，得到扩展区域。

② 超像素分割方法：利用基于颜色相似度和空间距离的简单线性迭代聚类(simple linear iterative clustering，SLIC)方法[95]进行分割得到第 t 帧的 N_t 个超像素块 pixel_i。SLIC 方法的特点为分割后的超像素块紧凑性好、边缘贴近度高、大小均匀且运算速度较快。

在第 t 帧图像中，通过集合 $F=\{f_t^x \mid t=1,\cdots,m;x=1,\cdots,N\}$ 表示 N_t 个超像素块的特征集合。由于分割算法是对目标的扩展区域进行分割，所以获取的超像素块包含了对目标以及背景区域的描述。应用均值漂移（mean shift，MS)算法[96]对特征集合进行聚类，获得 n 个簇 $C_i^c=[Y(i)-E(i)]/S(i),\forall i=1,\cdots,n$，每个簇包括簇中心 $\text{clst}(i)(i=1,\cdots,n)$（其为特征矢量，表示它包含的所有超像素块的特征均值）、簇半径 $C_i^c>0$ 及簇成员 $\text{clst}(i)$。将 n 个簇对应到 m 个训练帧图像中的局部区域。通过聚类获得 n 个簇，记每个簇区域包含 $S(i)$ 个超像素块。若这些超像素块均位于目标区域中，则该聚类簇属于目标区域。若这些超像素块均位于背景区域中，则该聚类簇属于背景区域。但在大多数情况下，超像素集合往往部分属于目标区域部分属于背景区域，需要引入置信度的计算。设与目标区域相对应的超像素块数记为 $Y(i)$，对应到目标区域外的超像

素块数记为 $E(i)$，即 $S(i)=Y(i)+E(i)$。为每个簇 clst(i)分配一个权值，记为聚类的置信度 C_i^c($C_i^c\in[-1,1]$)。

$$C_i^c=\frac{Y(i)-E(i)}{S(i)}\quad(\forall i=1,\cdots,n)\tag{4-1}$$

式中，C_i^c 表示簇 clst(i)是否属于目标区域。当 $C_i^c>0$ 时，clst(i)属于目标区域，值越大表明越偏向于目标区域，即：

$$\text{pixel}_i=\begin{cases}\text{目标区域}, C_i^c>0\\ \text{背景区域}, C_i^c<0\end{cases}\tag{4-2}$$

利用式(4-1)、式(4-2)判断聚类簇是否属于目标区域，建立判别外观模型 $T(\text{pixel}_i)$，其建立过程如图 4-2 所示。

(a) 训练帧跟踪结果

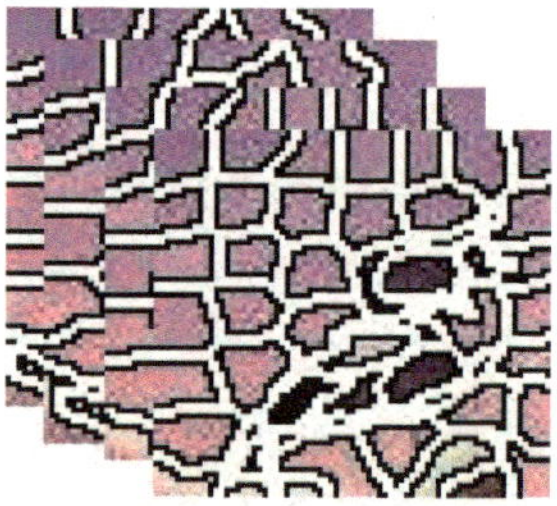

(b) 超像素分割结果

(c) 超像素块聚类

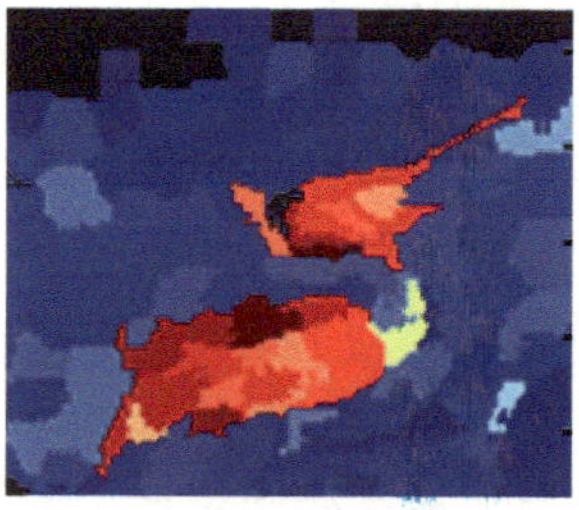

(d) 置信图

图 4-2　建立判别外观模型过程

4.2.2 抗干扰模型匹配

(1) 前景区域划分

在模型匹配时，定义一个二进制变量 h_{pixel}^{I} 表示图像像素是否属于前景区域，即：

$$h_{\text{pixel}}^{I}=\begin{cases}1,\text{pixel}\in \text{前景区域}\\0,\text{pixel}\in \text{背景区域}\end{cases}\tag{4-3}$$

利用带参数的伯努利分布表示图像像素是否属于前景区域，即：

$$p(h_{\text{pixel}}^{I}=1)=v,p(h_{\text{pixel}}^{I}=0)=1-v\tag{4-4}$$

引入判断变量 h_{pixel}^{I} 的优点：

① 利用目标模型进行匹配，有时背景超像素块也可能与目标模型匹配，导致目标圈定漂移，甚至会丢失目标。将匹配的图像帧分为前景和背景进行判定，如果匹配的是背景像素，则自动舍弃，不进行目标区域的圈定，从而达到局部特征自适应匹配，避免跟踪过程中的漂移现象。

② 虽然 Oron 等[97]也利用了目标的前景/背景信息进行局部匹配，但是引入双重二进制判断前景/背景信息，增加了算法的时间复杂度。AMFC 算法借助其思想，引入前景区域判别，并在目标模型建立时对前景/背景信息加以区别，所以在匹配过程中只引入单一判断变量，降低算法的时间复杂度。

(2) 高斯噪声模型

利用超像素块的灰度特征进行模型匹配时易受到光照变化的影响。当光照变化强烈时，为了使算法能够保持较准确的跟踪，引入高斯噪声模型抑制光照变化的影响。

定义 4.1　加噪后的模板称为噪声模板，定义为 $\widetilde{T}$。加噪后的图像称为噪声图像，定义为 $\widetilde{I}$。由此可以构建如下高斯模型：

$$\begin{cases}p(\widetilde{T}_{\text{pixel}}\mid T_{\text{pixel}})=G(\widetilde{T}_{\text{pixel}}\mid T_{\text{pixel}},\sigma)\\p(\widetilde{I}_{\text{pixel}}\mid I_{\text{pixel}})=G(\widetilde{I}_{\text{pixel}}\mid I_{\text{pixel}},\sigma)\end{cases}\tag{4-5}$$

设局部匹配子空间(超像素块)用 Ω 表示，则局部匹配概率为：

$$p_{\Omega}(h_{\text{pixel}}^{I},I_{\text{pixel}},T_{\text{pixel}},\widetilde{I}_{\text{pixel}},\widetilde{T}_{\text{pixel}})=p(h_{\text{pixel}}^{I})p(I_{\text{pixel}}\mid h_{\text{pixel}}^{I})p(T_{\text{pixel}})\times G(T_{\text{pixel}}-I_{\text{pixel}}\mid I_{\text{pixel}},\sigma)^{h_{\text{pixel}}^{I}}\tag{4-6}$$

具体推导过程如下：

$$p_{\Omega}(h_{\text{pixel}}^{I},I_{\text{pixel}},T_{\text{pixel}},\widetilde{I}_{\text{pixel}},\widetilde{T}_{\text{pixel}})=p(h_{\text{pixel}}^{I},I_{\text{pixel}},T_{\text{pixel}},\widetilde{I}_{\text{pixel}},\widetilde{T}_{\text{pixel}})1_{\Omega}\tag{4-7}$$

式中，$1_{\Omega}=\delta(\widetilde{T}_{\text{pixel}}-\widetilde{I}_{\text{pixel}})h^{I}_{\text{pixel}}$是狄克拉函数。由于像素的位置、颜色特征都是独立的，所以上式可表示为：

$$p_{\Omega}(h^{I}_{\text{pixel}},I_{\text{pixel}},T_{\text{pixel}},\widetilde{I}_{\text{pixel}},\widetilde{T}_{\text{pixel}})=p(h^{I}_{\text{pixel}})p(I_{\text{pixel}}\mid h^{I}_{\text{pixel}})\times p(T_{\text{pixel}})p(\widetilde{I}_{\text{pixel}}\mid I_{\text{pixel}})p(\widetilde{T}_{\text{pixel}}\mid T_{\text{pixel}})1_{\Omega} \tag{4-8}$$

为了进一步简化，对$\widetilde{I}_{\text{pixel}}$、$\widetilde{T}_{\text{pixel}}$进行积分。相应的推导过程如下：

$$\begin{aligned}p_{\Omega}(h^{I}_{\text{pixel}},I_{\text{pixel}},T_{\text{pixel}})&=\iint p_{\Omega}(h^{I}_{\text{pixel}},I_{\text{pixel}},T_{\text{pixel}},\widetilde{I}_{\text{pixel}},\widetilde{T}_{\text{pixel}})\mathrm{d}\widetilde{I}_{\text{pixel}}\mathrm{d}\widetilde{T}_{\text{pixel}}\\&=p(h^{I}_{\text{pixel}})p(I_{\text{pixel}}\mid h^{I}_{\text{pixel}})p(T_{\text{pixel}})\times\\&\quad\iint G(\widetilde{T}_{\text{pixel}}\mid T_{\text{pixel}},\sigma)G(\widetilde{I}_{\text{pixel}}\mid I_{\text{pixel}},\sigma)\times\\&\quad\delta(\widetilde{T}_{\text{pixel}}-\widetilde{I}_{\text{pixel}})^{h^{I}_{\text{pixel}}}\mathrm{d}\widetilde{I}_{\text{pixel}}\mathrm{d}\widetilde{T}_{\text{pixel}}\end{aligned} \tag{4-9}$$

如果 $h^{I}_{\text{pixel}}=0$，则上述公式的二重积分可分解为两个独立的高斯 CDF 积分。如果 $h^{I}_{\text{pixel}}=1$，则二重积分可以合写为一个高斯分布，即 $G(T_{\text{pixel}}-I_{\text{pixel}}\mid 0,\sqrt{2}\sigma)$，有：

$$\begin{aligned}&\iint G(\widetilde{T}_{\text{pixel}}\mid T_{\text{pixel}},\sigma)G(\widetilde{I}_{\text{pixel}}\mid I_{\text{pixel}},\sigma)\delta(\widetilde{T}_{\text{pixel}}-\widetilde{I}_{\text{pixel}})^{h^{I}_{\text{pixel}}}\mathrm{d}\widetilde{I}_{\text{pixel}}\mathrm{d}\widetilde{T}_{\text{pixel}}\\&=p(h^{I}_{\text{pixel}})p(I_{\text{pixel}}\mid h^{I}_{\text{pixel}})p(T_{\text{pixel}})G(T_{\text{pixel}}-I_{\text{pixel}}\mid I_{\text{pixel}},\sigma)^{h^{I}_{\text{pixel}}}\end{aligned} \tag{4-10}$$

由于 Singer1 图像序列中光照变化明显，所以在试验中 σ 值的选取主要根据该图像序列来确定。Singer1 图像序列中，σ 值与平均中心误差之间的关系如图 4-3 所示。

在图 4-3 中，横坐标表示选取 σ 值的大小，纵坐标表示计算在 Singer1 视频图像序列中跟踪结果的平均中心误差。由此可以看出，当选定 $\sigma\in[0.25,0.35]$ 时，算法的跟踪效果最佳。加入噪声模型($\sigma=0.25$)与不加入噪声模型的对比结果如图 4-4 所示，图中红色框表示加入噪声模型的跟踪结果，绿色框表示未加入噪声模型的结果。由此可以看出，当光照变化剧烈时，加入高斯噪声可以较为明显地提高跟踪准确性。

(3) LK 算法

LK 算法[98]是将目标跟踪问题视为在每一帧中某一已知邻域内寻找最佳匹配问题。给定跟踪目标的模型，LK 算法通过求解最优化问题来定位跟踪目标。

设 T 为目标模型，模型中的像素点集表示为 $\text{PIXEL}=\{\text{pixel}\}_{i=1}^{n}$，其中 $\text{pixel}=(x,y)$表示像素点的横、纵坐标。I 为第 t 帧图像，图像像素 $I(W(\text{pixel},w))$由

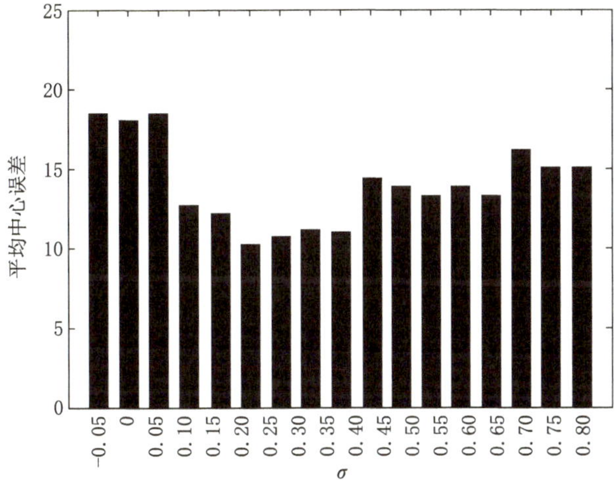

图 4-3　σ 值与平均中心误差之间的关系

图 4-4　加入噪声模型对比结果

模型像素 $T(\text{pixel})$ 通过 $W(\text{pixel},w)$ 函数相似转化得到，w 为转化位置参数。已知在第 $t-1$ 帧图像的估计位置，即给出 w^{t-1}。在第 t 帧图像中寻找更新参数 Δw，使得 $w=w^{t-1}+\Delta w$ 取最小值，Δw 应满足：

$$\Delta w=\operatorname{argmin}\sum_{\text{pixel}\in \text{PIXEL}}\left[I(W(\text{pixel},w^{t-1}+\Delta w))-T(\text{pixel})\right]^2 \tag{4-11}$$

由于无法一次计算出最优参数 w，因此估计一组参数 Δw 用于在每次迭代中更新前一次的参数 w，设参数 Δw 有收敛的情况发生时，则设定阈值 ε 作为终止条件。当 $(||\Delta w||\leqslant\varepsilon)$ 时，终止条件为：

$$w=w^{t-1}+\Delta w \tag{4-12}$$

(4) 最优化匹配

在局部模型匹配的过程中最重要的是寻找最佳匹配超像素块。

定理 4.1 利用 LK 光流法进行模型匹配，寻找 LK 最优化匹配问题等价于搜索最大似然像素集。

证明：寻找与目标模型的最大似然匹配像素集 $I(W(\text{PIXEL},w^{t-1}+\Delta w))$，即：

$$\max_{\Delta w}\log p(I(W(\text{PIXEL},w^{t-1}+\Delta w))\mid T) \tag{4-13}$$

将上式代入牛顿高斯模型中，即可表示为：

$$\max_{\Delta w}\sum_{\text{pixel}\in \text{PIXEL}}\log G(I(W(\text{pixel},w^{t-1}+\Delta w))-T\mid 0,\sigma) \tag{4-14}$$

对上述结果做进一步推导，利用高斯表达式 $G(x\mid\mu,\sigma)=\exp(-(x-\mu)^2/2\sigma^2)/\sqrt{2\pi}\sigma$ 展开，可得：

$$\begin{aligned}&\max_{\Delta w}\sum_{\text{pixel}\in \text{PIXEL}}\log G(I(W(\text{pixel},w^{t-1}+\Delta w))-T\mid 0,\sigma)=\\&\max_{\Delta w}\sum_{\text{pixel}\in \text{PIXEL}}\log\left(\frac{1}{\sqrt{2\pi}\sigma}\exp\left(-\frac{1}{2\sigma^2}(I(W(\text{pixel},w^{t-1}+\Delta w))-T)^2\right)\right)=\\&\max_{\Delta w}\sum_{\text{pixel}\in \text{PIXEL}}\log\left(\frac{1}{\sqrt{2\pi}\sigma}\right)+\max_{\Delta w}\sum_{\text{pixel}\in \text{PIXEL}}-\frac{1}{2\sigma^2}(I(W(\text{pixel},w^{t-1}+\Delta w))-T)^2\end{aligned} \tag{4-15}$$

式中 $\log(1/\sqrt{2\pi}\sigma)$——与 w 无关的常数。

由此可以看出，寻找 LK 最优化匹配问题等同于搜索最大似然像素集问题，证毕。

采用式(4-16)计算最大似然匹配像素集，模型匹配过程即通过局部匹配概率计算最大似然匹配概率。

$$\max_{\theta}\log p(T,I_w\mid\theta)=\max_{\theta}\log p(T,I_{w^{t-1}+\Delta w}\mid\theta) \tag{4-16}$$

其中，$\theta=\{v,\sigma,w\}$。由像素之间的独立性可得到：

$$\log p(T,I_w)=\sum_{\text{pixel}\in \text{PIXEL}}\sum_{h^I_{\text{pixel}}\in\{0,1\}}\log p(h^I_{\text{pixel}},I_{\text{pixel}},T_{\text{pixel}}) \tag{4-17}$$

其中，

$$p_\Omega(h^I_{\text{pixel}},I_{\text{pixel}},T_{\text{pixel}})=p(h^I_{\text{pixel}})p(I_{\text{pixel}}\mid h^I_{\text{pixel}})p(T_{\text{pixel}})\times G(T_{\text{pixel}}-I_{\text{pixel}}\mid I_{\text{pixel}},\sigma)^{h^I_{\text{pixel}}} \tag{4-18}$$

（5）决策判定

在前景区域中有相似物体干扰时，找到的最佳匹配块往往不能准确地显示被跟踪目标，因此算法分两步操作，避免相似物体的干扰。在匹配最佳块时，对前景区域中相似物体的干扰处理是必要的。设定在目标连续运动情况下，计算相邻帧各个最佳匹配块中心距离，即：

$$d_i=\sqrt{(x_i-x'_i)^2+(y_i-y'_i)^2} \tag{4-19}$$

式中　d_i——相邻帧最佳匹配块间中心距离；

x_i、y_i——第 t 帧第 i 个像素块中心点的横、纵坐标；

x'_i、y'_i——第 $t-1$ 帧第 i 个像素块中心点的横、纵坐标。

然后取平均，即 $\bar{d}=\sum_{i=1}^{n}d_i/n$。设定度量阈值区间为 $\bar{d}\pm\Delta d$，对相邻帧间的最佳匹配块进行判定，若其距离 d_i 不在该区间范围内，则自动舍弃，只保留在该区间内的最佳匹配块。在圈定目标时，利用 $\bar{d}$ 估计被舍弃的匹配块位置，并与保留的匹配块相结合确定最优目标区域。

匹配块位置信息示意如图 4-5 所示。图 4-5(a)表示在 $t-1$ 帧中圈定的最优前景区域。假定由 4 个最佳匹配块组成，第 t 帧中匹配块位置如图 4-5(b)所示。最佳匹配块 1 不在度量阈值区间($\bar{d}\pm\Delta d$)内，则被舍弃，改用 $\bar{d}$ 重新估计

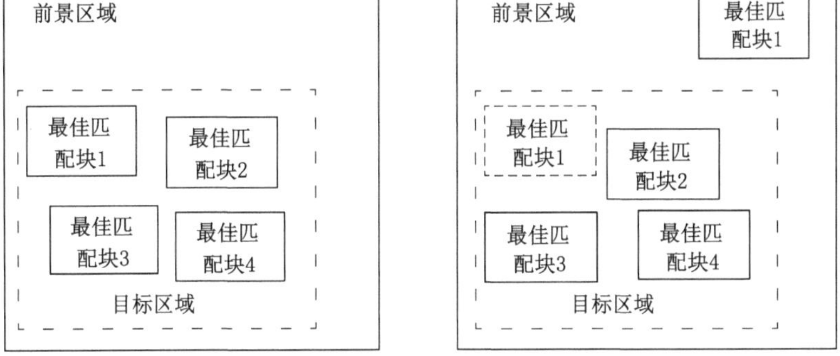

（a）第t-1帧　　（b）第t帧

图 4-5　匹配块位置信息

匹配块 1 的位置，从而得到第 t 帧的最优目标区域。

为了验证决策判定的有效性，采用 Basketball 图像序列进行跟踪测试，对比结果如图 4-6 所示。图 4-6(a)所示为加入决策判定的跟踪结果，图 4-6(b)所示为没有加入决策判定的跟踪结果。从这两组图中可以明显看出引入决策判定较好地解决了前景区域有相似物体干扰的情况，使得方法的跟踪结果更为准确。

(6) 光流迭代寻优

寻优过程即为给定跟踪目标的模型(T)，通过求解式(4-20)中的最优化问题来定位跟踪目标。

$$\max_{\Delta w} \log p(I(W(\text{pixel}, w^{t-1} + \Delta w)) \mid T) = \max_{\Delta w} \sum_{b \in (0,1)} \left[\sum_{\text{pixel} \in \text{PIXEL}} p_{\text{old}}(h^I_{\text{pixel}} = b) \times \log p(I_{\text{pixel}} \mid h^I_{\text{pixel}} = b) - \frac{1}{2\sigma^2} \sum_{\text{pixel} \in \text{PIXEL}} p_{\text{old}}(h^I_{\text{pixel}} = 1)(T_{\text{pixel}} - I_{\text{pixel}})^2 \right] \tag{4-20}$$

式中，$p_{\text{old}} = p(h^I_{\text{pixel}} \mid I_{\text{pixel}}, T_{\text{pixel}}; \theta_{\text{old}})$。将式(4-20)进行一阶泰勒展开：

$$\begin{aligned} L(\Delta w) = \sum_{\text{pixel} \in \text{PIXEL}} \{ & Q_0(\text{pixel})[I_0(\text{pixel}, w) + \nabla I_0 \frac{\mathrm{d}W(w)}{\mathrm{d}w} \Delta w] + \\ & Q_1(\text{pixel})[I_1(\text{pixel}, w) + \nabla I_1 \frac{\mathrm{d}W(w)}{\mathrm{d}w} \Delta w] - \\ & Q(\text{pixel})[T(\text{pixel}) - I(W(\text{pixel}, w)) - \nabla I \frac{\mathrm{d}W(w)}{\mathrm{d}w} \Delta w]^2 \} \end{aligned} \tag{4-21}$$

其中，

$$\begin{cases} I_0 = \log p(h^I_{\text{pixel}} = 0) \\ I_1 = \log p(h^I_{\text{pixel}} = 1) \end{cases} \tag{4-22}$$

$$\begin{cases} Q_0(\text{pixel}) = p_{\text{old}}(h^I_{\text{pixel}}(W(\text{pixel}, w) = 0)) \\ Q_1(\text{pixel}) = p_{\text{old}}(h^I_{\text{pixel}}(W(\text{pixel}, w) = 1)) \\ Q(\text{pixel}) = \frac{1}{2\sigma^2} p_{\text{old}}(h^I_{\text{pixel}}(W(\text{pixel}, w) = 1, \\ \qquad I(W(\text{pixel}, w) - T(\text{pixel}) = 0)) \end{cases} \tag{4-23}$$

式中，I_0 表示背景图像区域；I_1 表示前景图像区域；Q_0(pixel)为当前帧背景图像 I_0 的似然估计的权重函数；Q_1(pixel)为当前帧前景图像 I_1 的似然估计的权重函数。

式(4-22)中第一行等式的含义为根据前一帧图像中匹配到的背景像素的权重[由权重函数 Q_0(pixel)给出]获取背景图像 I_0 的似然估计。第二行等式的

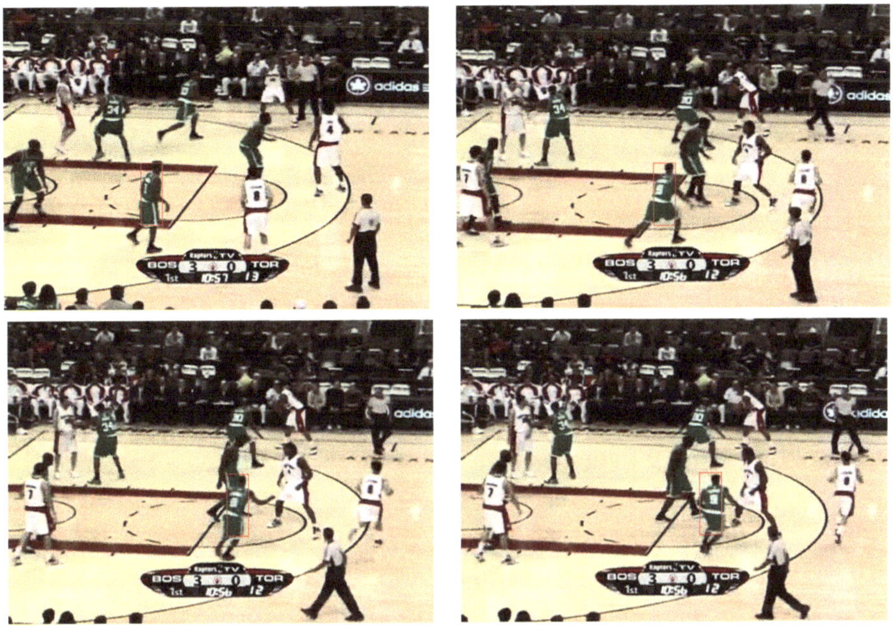

(a) 加入决策判定

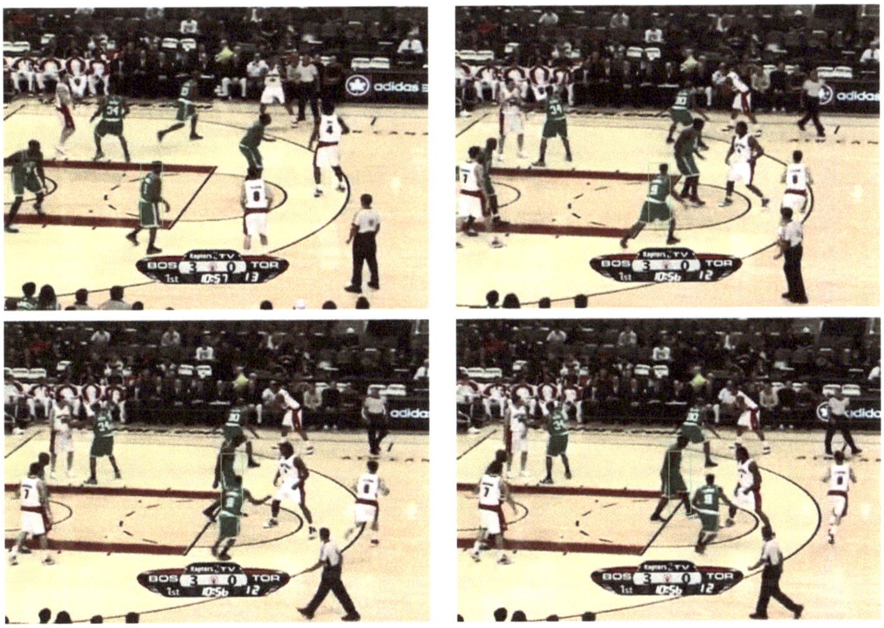

(b) 未加入决策判定

图 4-6　决策判定对比结果

含义为根据前一帧图像中匹配到的前景像素的权重[由权重函数 Q_1(pixel)给出]获取前景图像 I_1 的似然估计。第三行等式为对输入图像 I 通过传统 LK 算法目标函数的相似性度量，利用 Q(pixel)加权获得模板与图像之间的匹配关系。将 $L(\Delta w)$求导，设其导数为 0，即可得到 Δw：

$$\Delta w=\Big[\sum_{\text{pixel}\in\text{PIXEL}}Q(\text{pixel})[T(\text{pixel})-I(W(\text{pixel},w)]\nabla I\frac{\mathrm{d}W(w)}{\mathrm{d}w}-\frac{1}{2}\Big(\sum_{\text{pixel}\in\text{PIXEL}}Q_0(\text{pixel})\nabla I_0\frac{\mathrm{d}W(w)}{\mathrm{d}w}+\sum_{\text{pixel}\in\text{PIXEL}}Q_1(\text{pixel})\nabla I_1\frac{\mathrm{d}W(w)}{\mathrm{d}w}\Big)\Big]\times\Big[\sum_{\text{pixel}\in\text{PIXEL}}Q(\text{pixel})\Big(\nabla I_0\frac{\mathrm{d}W(w)}{\mathrm{d}w}\Big)^{\mathrm{T}}(\nabla I_0)\Big]^{-1} \tag{4-24}$$

式中，$I_0=\log p(h^I_{\text{pixel}}=0)$表示背景图像区域；$I_1=\log p(h^I_{\text{pixel}}=1)$表示前景图像区域；$Q_0(\text{pixel})=p_{\text{old}}(h^I_{\text{pixel}}(W(\text{pixel},w)=0))$为当前帧背景图像 I_0 的似然估计的权重函数；$Q_1(\text{pixel})=p_{\text{old}}(h^I_{\text{pixel}}(W(\text{pixel},w)=1))$为当前帧前景图像 I_1 的似然估计的权重函数；$Q(\text{pixel})=p_{\text{old}}(h^I_{\text{pixel}}(W(\text{pixel},w)=1,I(W(\text{pixel},w)-T(\text{pixel}))=0))/2\sigma^2$ 为对输入图像 I 通过传统 LK 算法目标函数的相似性度量。

4.2.3 模型更新

(1) 前景模型更新

利用文献[97]解决存在隐含变量优化问题的 EM 算法估计隐含变量 h^I_{pixel}。EM 算法利用优化参数 θ 估计隐含变量 h^I_{pixel}，其过程如下。

① E 步。已知前一帧参数 θ_{old}，当前帧图像 I 和匹配模型 T，可求出隐藏变量的概率分布。h^I_{pixel}是二进制变量，则所有像素的条件概率可以写成：

$$p(h^I_{\text{pixel}}=b\mid I_{\text{pixel}},T_{\text{pixel}})=\frac{p(h^I_{\text{pixel}}=b,I_{\text{pixel}},T_{\text{pixel}})}{\sum\limits_{a\in\{0,1\}}p(h^I_{\text{pixel}}=a,I_{\text{pixel}},T_{\text{pixel}})} \tag{4-25}$$

② M 步。对参数 θ 进行优化：

$$\theta_{\text{new}}=\operatorname{argmax}\sum_{\text{pixel}\in\text{PIXEL}}\sum_{h^I_{\text{pixel}}\in\{0,1\}}p_{\text{old}}\times\log p(h^I_{\text{pixel}},I_{\text{pixel}},T_{\text{pixel}}) \tag{4-26}$$

式中，$b\in\{0,1\}$，$p_{\text{old}}=p(h^I_{\text{pixel}}\mid I_{\text{pixel}},T_{\text{pixel}};\theta_{\text{old}})$。

(2) 外观模型更新

传统的外观模型更新方法是在跟踪若干帧后(通常取 5 帧或 10 帧)，用最新帧的跟踪结果代替聚类库中的最旧帧来重建外观模型。这类方法当目标发生严重遮挡时易出现跟踪漂移甚至丢失目标的情况。

针对在跟踪过程中是否发生严重遮挡的问题，定义一个遮挡阈值 θ_0（θ_0 取 0.7）与当前帧计算的遮挡阈值 θ_t 进行比较，如果 $\theta_t < \theta_0$，则判定目标发生严重遮挡。遮挡阈值为当前帧中目标区域置信度与前 m 帧跟踪的目标区域置信度均值之比，即：

$$\theta_t = C_t / \mathrm{mean}(C_t, C_{t-1}, \cdots, C_{t-m+1}) \tag{4-27}$$

若未发生严重遮挡，则利用最新帧的跟踪结果与外观模型中最旧帧进行替换，重建外观模型（每 10 帧更新一次）；若发生严重遮挡，则选择模型中当前最近帧作为被替换帧，并在此帧中选择 n_{cluster} 个聚类特征（其聚类特征的置信度大于 0，即属于目标区域的特征）作为跟踪当前帧的补偿集。在试验中 n_{cluster} 取 10，若替换帧中属于目标区域的特征不足 10 个，则将这些置信度大于 0 的特征直接作为补偿集。将补偿集合并到当前帧的特征集中（严重遮挡下），作为新的特征集合加入聚类特征集合，完成聚类集合的更新。然后对该聚类集合重新计算置信度，即可获得新的判别外观模型。

判别外观模型的对比效果如图 4-7 所示。由图 4-7 可以看出，当旅鼠（目标）被场景中的打火机遮挡时，只通过替换整帧图像来更新外观模型无法表示目标被严重遮挡的区域，使得外观模型不能有效地描述目标。当遮挡消失时建立的外观模型无法准确地识别目标被遮挡的部分，这样导致跟踪结果不够准确。而引入补偿集后外观模型能够识别目标被遮挡部分，使得算法的跟踪效果较为准确。

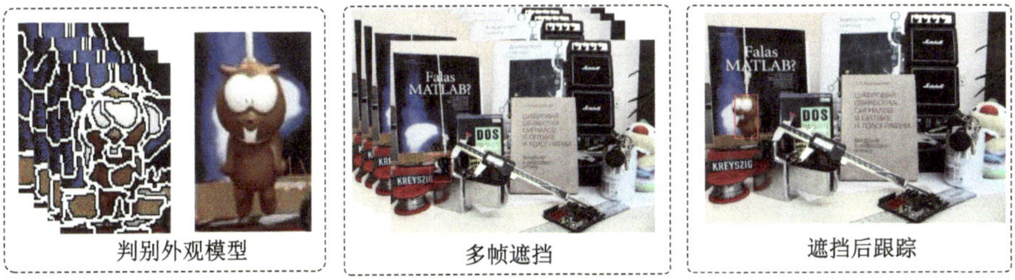

（a）加入补偿集的判别外观模型效果

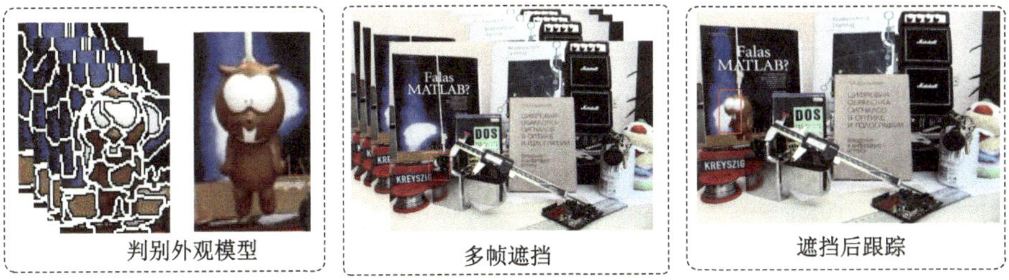

（b）未加入补偿集的判别外观模型效果

图 4-7　判别外观模型的对比效果

4.3 试验结果与分析

为了验证方法的性能，在 Wu 等[99]提出的目标跟踪评测标准上选取 12 组具有代表性的图像序列以及 8 种跟踪方法进行对比试验，以保证试验的可信性和全面性。同时还与近几年较为流行的 LOT(locally orderless tracking)、SPT(super-pixel tracking)跟踪方法进行对比，验证方法的有效性和实用性。12 组图像序列分别是 Girl、Deer、Bird2、Football、Lemming、Woman、Bolt、CarDark、David1、David2、Singer1 及 Basketball。这些图像序列基本涵盖光照变化、部分遮挡、目标形变、背景杂波等在跟踪过程中具有挑战性的因素。跟踪方法分别为 ASLA(adaptive structural local sparse appearance)[100]、FRAG(FRAGments-based tracking)[101]、SCM(sparsity-based collaborative model)[92]、VTD(visual tracking decomposition)[102]、L1APG(L1 tracker using accelerated proximal gradient)[103]、CT(compressive tracker)[104]、OAB(online adaboost tracker)[105]、TLD(tracking-learning-detection)[93]。本章采用 3 种评估标准来评价方法的整体性能，分别为中心误差[106]、跟踪重叠率[107]以及运行效率。试验中用到的图像帧序列信息见表 4-1。

表 4-1　试验中用到的图像帧序列信息

序号	图像序列	光照变化	遮挡	形变	背景杂波	旋转
1	Girl		√			√
2	Deer				√	√
3	Bird2		√	√		
4	Football		√		√	
5	Lemming	√	√		√	√
6	Woman		√	√		
7	Bolt		√	√	√	
8	CarDark	√				
9	David1	√		√		√
10	David2					√
11	Singer1	√	√		√	
12	Basketball		√	√	√	√

4.3.1 试验参数

在视频图像序列的前几帧中，目标的运动并不会出现较大程度的偏移，提取这些帧中的目标信息作为训练样本得到的目标模型更鲁棒。由于跟踪实时性在整个方法的评价中是一个重要指标，所以 AMFC 在保证方法跟踪成功率的前提下，减少一些超像素分割、聚类、计算置信度的时间来满足方法实时性要求，所以取 $m=4$。

超像素分割的块数 $N=100$。利用 SLIC 算法分割每个训练图像帧中扩展的目标区域(以圈定目标区域的中心为中心点、对角线长度为目标区域对角线的 1.5 倍进行扩展)。在小区域内进行分割，若分割的块数过多会出现“过分割”现象，而分割块数太少又无法完全分离无关背景信息。笔者借助前人的经验(SPT 方法)，考虑到方法的实时性、准确性要求，本书取 $N=100$。

在 σ 值的选择上，不同的视频由于光照变化存在差异，所以选择的 σ 值也会有所差异。但为了保证试验的统一性和公平性，考虑加入高斯噪声模型的意义在于抑制光照变化对跟踪的影响，故将试验中光照变化明显的 Singer1 视频序列中的 σ 值作为最优选择，即 $\sigma=0.25$。

4.3.2 试验结果

试验比较的 11 种跟踪方法在 12 个图像序列上平均中心误差见表 4-2。11 种跟踪方法在 12 个图像序列上的跟踪重叠率见表 4-3。由表 4-2 和表 4-3 中的统计结果可以看出，在大部分试验序列中，AMFC 方法优于同类方法(LOT 方法和 SPT 方法)。不仅如此，与其他 8 个当前主流的跟踪方法相比，AMFC 方法也具有较大优势，而且在所有图像序列上的平均中心误差及跟踪重叠率均是最优秀的。这表明 AMFC 方法是合理有效的，达到甚至超过了当前主流方法的跟踪效果。

表 4-2　不同跟踪方法的平均中心误差

	ASLA	FRAG	SCM	VTD	L1APG	CT	OAB	TLD	LOT	SPT	AMFC
1	36.76	24.27	**3.47**	8.64	25.51	19.45	4.68	7.66	20.28	4.73	4.76
2	**6.74**	87.64	37.62	7.93	38.76	52.13	16.77	25.34	29.44	28.76	11.92
3	20.12	14.96	11.53	46.24	25.44	37.87	26.16	10.23	47.61	**6.32**	6.97
4	16.62	15.38	9.64	13.57	11.31	17.44	9.28	13.82	7.15	11.27	6.28
5	47.52	112.63	75.43	60.73	142.28	37.82	73.74	32.68	14.48	**9.41**	11.39
6	76.57	118.28	22.24	107.69	115.57	104.58	30.94	137.47	118.41	23.36	21.71

表 4-2(续)

	ASLA	FRAG	SCM	VTD	L1APG	CT	OAB	TLD	LOT	SPT	AMFC
7	62.42	73.62	9.37	49.17	132.48	38.74	129.56	141.24	17.62	15.23	8.44
8	5.30	6.23	6.32	28.72	**3.44**	18.70	39.86	21.36	24.18	21.58	8.35
9	**3.57**	84.41	4.38	48.95	5.76	9.69	31.26	8.92	37.84	23.29	9.36
10	8.94	67.51	6.72	3.51	**3.23**	69.83	36.34	6.73	3.97	8.48	9.21
11	45.62	57.83	17.85	12.53	49.84	31.07	36.27	22.17	16.64	**10.14**	10.25
12	106.62	18.42	116.24	9.48	84.47	79.41	37.13	95.46	127.83	12.38	7.73

表 4-3　不同跟踪方法的跟踪重叠率

	ASLA	FRAG	SCM	VTD	L1APG	CT	OAB	TLD	LOT	SPT	AMFC
1	0.31	0.41	**0.74**	0.69	0.39	0.29	0.73	0.56	0.43	0.71	0.73
2	**0.69**	0.11	0.47	0.63	0.45	0.34	0.56	0.41	0.50	0.53	0.61
3	0.66	0.70	0.74	0.41	0.63	0.44	0.58	0.80	0.43	**0.84**	0.83
4	0.61	0.63	0.71	0.65	0.68	0.62	0.68	0.65	0.73	0.69	0.75
5	0.71	0.43	0.53	0.57	0.39	0.74	0.56	0.77	0.83	**0.86**	0.86
6	0.27	0.14	0.59	0.15	0.15	0.17	0.48	0.12	0.14	0.59	0.61
7	0.53	0.47	0.76	0.55	0.23	0.58	0.20	0.16	0.72	0.73	0.77
8	**0.82**	0.82	0.81	0.43	**0.82**	0.72	0.38	0.46	0.44	0.43	0.79
9	**0.83**	0.23	0.82	0.53	0.80	0.77	0.57	0.79	0.55	0.62	0.76
10	0.68	0.21	0.69	0.73	**0.74**	0.02	0.33	0.69	0.73	0.68	0.64
11	0.58	0.55	0.73	0.74	0.57	0.64	0.63	0.69	0.72	**0.76**	0.76
12	0.19	0.63	0.17	0.67	0.25	0.27	0.59	0.21	0.14	0.68	0.69

4.3.3　准确性分析

11 种跟踪方法在 12 组图像序列中的跟踪结果如图 4-8 所示。图像序列 David2、Girl 和 Basketball 主要用于测试当目标发生旋转时的跟踪效果。David2 序列的跟踪效果如图 4-8(j)所示，Girl 序列的跟踪效果如图 4-8(a)所示，Basketball 序列的跟踪效果如图 4-8(l)所示。在 David2 序列中，当目标发生小范围旋转时，大部分跟踪方法都能较准确地跟踪目标。而在 Girl 序列中，当目标发生旋转且在部分图像帧中目标（人脸）背对摄像机时，SCM、VTD、OAB、

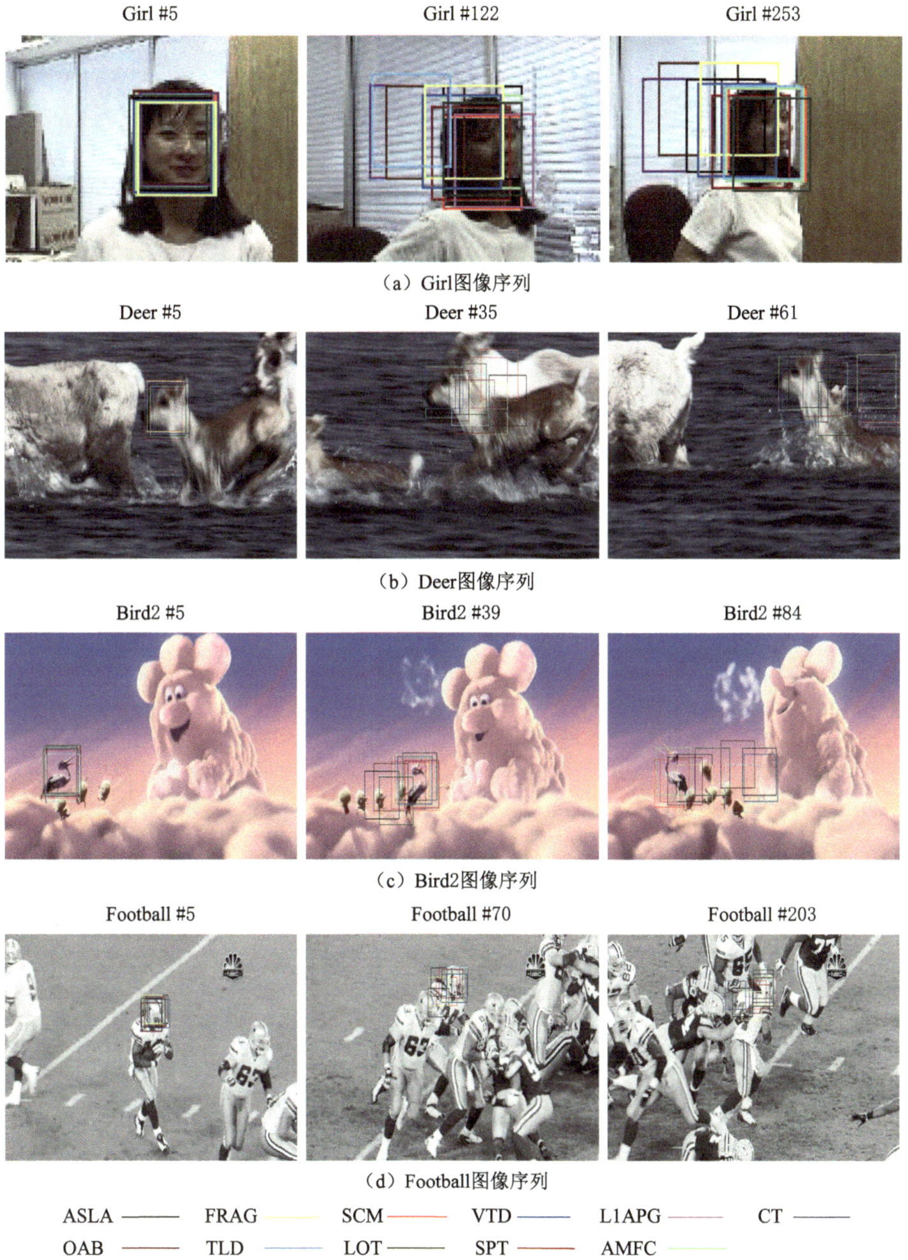

图 4-8　11 种跟踪方法在 12 组图像序列中的跟踪结果

（e）Lemming图像序列

（f）Woman图像序列

（g）Bolt图像序列

（h）CarDark图像序列

图 4-8 （续）

David1 #166　　David1 #303　　David1 #388

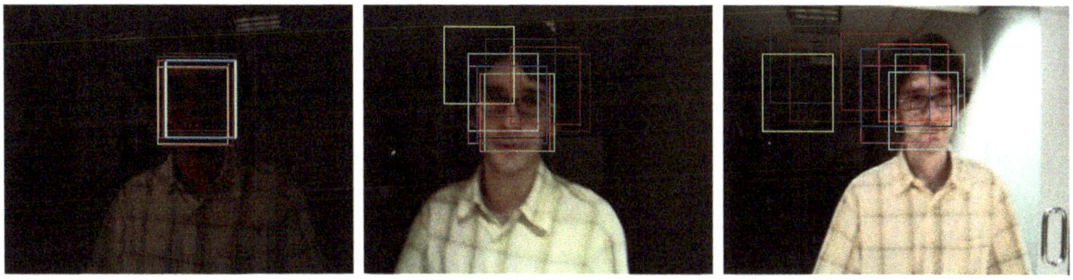

（i）David1图像序列

David2 #5　　David2 #138　　David2 #413

（j）David2图像序列

Singer1 #5　　Singer1 #73　　Singer1 #187

（k）Singer1图像序列

Basketball #5　　Basketball #278　　Basketball #472

（l）Basketball图像序列

图 4-8 （续）

TLD、SPT 和 AMFC 方法的跟踪效果较为理想。在 Basketball 序列中，当目标发生旋转且背景较为复杂时，仅 VTD、SPT 和 AMFC 方法依然保持较好的跟踪效果。综合这三组图像序列，AMFC 方法的跟踪效果最好，平均重叠率为 0.69。相比较于同类方法（LOT 方法和 SPT 方法），AMFC 方法利用目标的外观信息构建局部先验模型，通过前景信息进行目标匹配并进行跟踪。当发生旋转时，目标的局部前景信息发生改变，此时需要不断地进行模型更新。在模型更新时，选择与当前最近帧作为被替换帧，并将被替换帧中的部分特征作为补偿集合并到当前帧的特征集合中，从而得到新的判别外观模型，使得 AMFC 方法能够准确地跟踪目标。

图像序列 Singer1、CarDark 和 David1 主要用于测试当发生光照变化时 AMFC 方法的跟踪效果。Singer1 序列的跟踪效果如图 4-8(k)所示，CarDark 序列的跟踪效果如图 4-8(h)所示，David1 序列的跟踪效果如图 4-8(i)所示。在 Singer1 序列中，当图像中光照变化强烈时，大部分跟踪方法都能较准确地跟踪目标。而在 CarDark 序列中，当图像中存在较强光照变化且目标移动较快时，ASLA、FRAG、SCM、VTD、L1APG 及 AMFC 方法有较好的跟踪效果。在 David1 序列中，图像中存在较强光照变化且目标发生形变时，ASLA、SCM、L1APG、SPT 及 AMFC 方法能够保持较好的跟踪效果。但相比较而言，AMFC 方法的平均跟踪重叠率(0.77)虽高于同类方法，但略低于 SCM(0.79)。虽然 AMFC 加入了高斯噪声模型，增强了模型的自适应性，在进行局部模型匹配时具有较高的准确性，但是由于光照变化强烈，在局部模型匹配时会发生轻度漂移，并且利用目标的灰度特征，这样的匹配成功率与 SCM 相比较低。如果将 AMFC 方法的噪声模型系数 σ 上调，跟踪效果优于其他跟踪方法，但为了保持试验的公平性，并没有将此结果作为参考。

图像序列 Bird2、Woman 和 Bolt 主要用于测试当目标发生形变时 AMFC 方法的跟踪效果。Bird2 序列的跟踪效果如图 4-8(c)所示，Woman 序列的跟踪效果如图 4-8(f)所示，Bolt 序列的跟踪效果如图 4-8(g)所示。在 Bird2 序列中，ASLA、FRAG、SCM、L1APG、TLD、SPT 及 AMFC 方法均获得了较好的跟踪重叠率。而在 Woman 和 Bolt 序列中目标存在严重的形变，仅 SCM、SPT、AMFC 方法有较好的跟踪效果。在这三组图像序列中，AMFC 方法的跟踪效果最佳，平均重叠率为 0.74。相比较于同类方法，AMFC 方法利用前景约束下的超像素块进行局部匹配，可以较准确匹配目标的局部信息，并在更新外观模型时引入一种新的在线外观模型更新算法，对特征集加入适当特征补偿，使得在目标发生形变时外观模型能够更准确地描述目标。

图像序列 Football、Lemming 和 Woman 主要用于测试当目标发生遮挡时

AMFC 方法的跟踪效果。Football 序列的跟踪效果如图 4-8(d)所示，Lemming 序列的跟踪效果如图 4-8(e)所示，Woman 序列的跟踪效果如图 4-8(f)所示。在 Football 和 Lemming 序列中，当图像中目标发生局部遮挡时，绝大多数跟踪方法均能较准确地跟踪目标。而在 Woman 序列中目标发生严重遮挡时，大部分跟踪方法的跟踪重叠率都有所降低，但 AMFC 方法的跟踪效果较好。与同类方法相比，AMFC 方法在前景区域判别时寻找最佳块匹配，虽然发生严重遮挡甚至全局遮挡时会出现局部漂移。但随着遮挡的减弱，会快速重新跟踪目标，避免了跟踪丢失问题。此外，AMFC 方法引入决策判定，只保留在该区间内的最佳匹配块，避免前景区域中相似物体的干扰。利用 EM 模型预测下一帧目标的前景信息，即使目标与背景像素相近且运动较快时，依然能够较好地估计目标位置，并准确匹配目标的局部信息，使得跟踪成功率较高。

图像序列 Bolt、Basketball 和 Deer 主要用于测试当目标处于背景杂波中 AMFC 方法的跟踪效果。Deer 序列的跟踪效果如图 4-8(b)所示，Bolt 序列的跟踪效果如图 4-8(g)所示，Basketball 序列的跟踪效果如图 4-8(l)所示。在 Bolt 序列中，当目标处于背景杂波且运动较快时，SCM、LOT、SPT 和 AMFC 方法的跟踪重叠率较高。在 Basketball 序列中，当目标处于背景杂波且发生局部遮挡时，VTD、SPT 和 AMFC 方法的跟踪重叠率较高。在 Deer 序列中，当目标处于背景颜色与目标相似时，仅 ASLA、VTD 和 AMFC 方法的跟踪效果较好。但综合这三组图像序列，AMFC 方法的跟踪效果最好，平均重叠率为 0.69。相比同类方法，AMFC 方法利用下一帧估计的前景信息作为约束条件，防止与目标特征相似的物体干扰，并在匹配过程中引入决策判定，只保留在该区间内的最佳匹配块。即使发生相似物体的遮挡，依然能够较准确地匹配目标。

通过对 AMFC 方法的准确性分析可以看出，当场景变化较大时，AMFC 方法利用 EM 模型预测下一帧目标的前景信息。即使目标与背景像素相近且较为复杂时，估计目标在前景区域中的位置，并通过最优化模型匹配方法寻找在前景区域中的最佳块匹配。同时引入决策判定，只保留在该区间内的最佳匹配块，避免前景区域中相似物体的干扰，从而确定目标的最优位置。在模型更新中对目标是否发生严重遮挡进行判断，当发生严重遮挡时，在特征集中加入适当补偿，使更新的外观模型对目标的描述更加准确。

4.3.4　时效性分析

为了说明 AMFC 方法的实时性，测试 11 种方法在处理 12 组图像帧序列时每帧所需要的平均时间，即不同跟踪方法运行平均速度，结果见表 4-4。

表 4-4 不同跟踪方法的平均运行速度 单位：帧/s

	ASLA	FRAG	SCM	VTD	L1APG	CT	OAB	TLD	LOT	SPT	AMFC
1	5.31	6.32	0.65	2.74	1.76	38.21	17.51	26.84	0.79	0.47	3.68
2	6.24	4.78	0.97	2.67	1.64	31.63	14.72	27.17	0.83	0.41	3.56
3	5.74	5.43	0.67	2.58	1.49	27.06	9.94	26.58	0.65	0.56	3.09
4	6.15	5.68	0.61	3.14	1.61	36.73	19.67	26.63	0.93	0.76	3.41
5	6.78	6.27	0.69	2.77	1.75	28.15	10.46	26.70	0.71	0.37	3.39
6	8.45	6.41	0.57	2.16	1.53	32.42	11.31	26.32	0.66	0.43	4.37
7	7.04	3.97	0.46	2.21	1.63	27.18	8.66	24.74	0.61	0.29	3.06
8	7.23	4.23	0.48	2.49	1.74	26.79	10.35	25.13	0.59	0.36	2.95
9	7.84	4.48	0.53	3.47	2.03	34.22	14.75	26.47	0.67	0.54	3.86
10	5.87	5.25	0.48	2.68	1.44	36.36	16.68	25.89	0.73	0.66	2.97
11	5.31	4.96	0.52	2.91	1.73	28.19	10.43	26.31	0.71	0.43	3.42
12	7.91	6.23	0.89	2.34	2.04	25.81	9.09	24.53	0.62	0.34	2.89

通过与近几年目标跟踪方法的平均运行速度相比不难看出，虽然 TLD、OAB、CT 方法的实时性较高，但跟踪成功率较低。而 AMFC 方法的平均运行速度基本都在 3 帧左右，跟踪重叠率较高。相比较于同类方法，在平均运行速度相当的前提下，AMFC 方法跟踪的平均中心误差较小、跟踪重叠率较高。

4.4 本章小结

前景约束下的抗干扰匹配目标跟踪方法利用图像的前景判别突出了目标的重要区域，为特定目标的识别跟踪提供了新的思路。通过 EM 模型对前景信息的估计解决了模板匹配中的误识问题。在匹配过程中提出决策判定，排除背景中相似物体对目标的影响，提高匹配的抗干扰性。在模型更新中创新性地对目标是否发生严重遮挡进行判断，当发生严重遮挡时，在特征集中加入适当补偿，使更新的外观模型对目标的描述更加准确，提高了跟踪的可靠性。通过对标准库中的 12 组视频序列进行试验对比分析，结果表明提出的 AMFC 方法在相似物体干扰、光照变化、背景杂波等干扰因素的影响下均可以得到较高的跟踪准确率。

第5章　局部感知下的稀疏优化目标跟踪方法

自 2009 年 Mei 等[108]首次将稀疏表示引入目标跟踪后，由于理念的新颖性引起了国内外专家学者的关注。该算法的优势在于引入琐碎模板进行稀疏逼近，对跟踪中目标形变、遮挡问题有所改善。但在复杂场景下，当目标出现大范围遮挡或形变剧烈时，算法的识别率较低，易出现跟踪漂移问题。针对此问题，Zhang 等[109]提出基于多任务稀疏学习跟踪算法，引入粒子滤波框架，将每个粒子的表示视为一个单独的任务。该算法能够有效改善遮挡问题对目标跟踪的影响，取得了较好的跟踪效果。胡良梅等[110]同样引入粒子滤波，利用目标模板与采样粒子构成联合目标函数，在遮挡问题上也维持了较高的跟踪准确率。阚建飞等[111]结合稀疏理论和 Gabor 函数建立稀疏字典，并对其进行优化，该方法在目标形变上取得了较鲁棒的跟踪效果。费博雯等[112]引入 LK 光流法对目标下一帧的状态进行预测，并在初始帧中构建区域化模型。该算法面对目标遮挡问题具有较高的跟踪鲁棒性。然而，现有的跟踪方法虽在目标模型的建立上考虑了增加目标的局部特征、稀疏字典优化等改进思想，但在复杂场景的跟踪过程中，特别是出现大范围遮挡或形变剧烈时，大部分跟踪方法由于目标模型的校正以及遮挡的检测、处理等方面不完善，导致跟踪不准确甚至丢失目标。

为进一步解决复杂场景下的跟踪问题，特别是场景中出现目标形变、遮挡时稀疏跟踪方法易出现跟踪漂移问题，提出一种局部感知下的稀疏优化目标跟踪方法(sparse optimization of local sensing，SOLS)。在粒子滤波框架下，为了充分利用目标的局部特征信息，将首帧确定的目标区域进行非重叠均匀分割，并将这些局部特征块与目标整体特征一起加入目标模板集中。稀疏跟踪过程中，提出一种局部感知校正方法，即根据颜色、纹理特征计算候选样本中的局部特征块与目标模板之间的相似性，校验稀疏匹配跟踪过程，从而确定最优匹配样本。最后在模板的更新中，提出遮挡决策对遮挡进行检测，根据目标被遮挡情况采取不同的更新方式，使得建立的目标模板集更加完善。

5.1 稀疏优化跟踪总体流程

局部感知下的稀疏优化跟踪方法分为建立目标模板集、稀疏跟踪相似匹配及模板集更新三个过程。该方法的流程如图 5-1 所示。

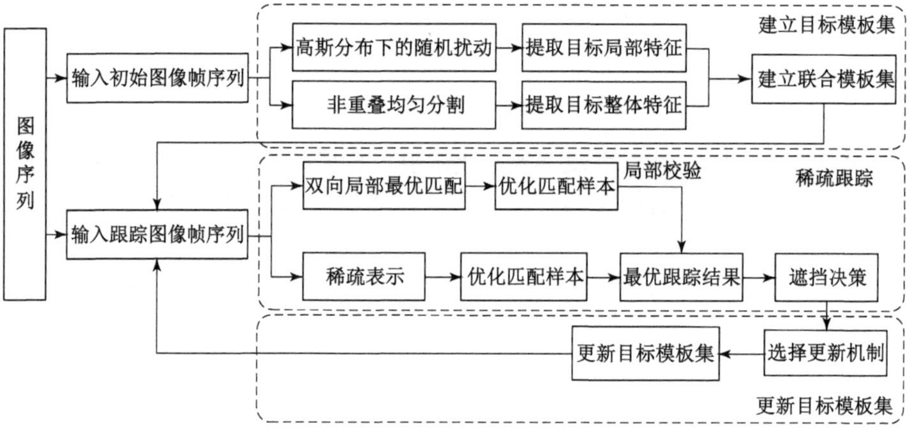

图 5-1　SOLS 方法流程

(1) 目标模板集建立过程

手动圈出首帧图像中的目标区域，然后利用随机滑动窗口获得 n 个目标模板，并将圈出的目标区域非重叠均匀分割成固定大小的局部特征块，从而建立包含目标的全局特征和局部特征的联合模板集。

(2) 稀疏跟踪过程

利用目标模板集对每一个候选样本进行稀疏表示，并通过重构残差求出优化匹配样本。同时，利用模板中局部目标颜色、纹理特征进行双向最优相似性匹配，将匹配结果与稀疏优化匹配的样本进行校验，从而确定最优匹配样本，完成稀疏跟踪匹配过程。

(3) 目标模板集更新

首先引入遮挡决策，对目标是否发生遮挡进行判定。若未发生，则每 5 帧更新一次模板集，即利用当前帧的跟踪结果替代模板集中权值最小的目标模板；反之，则利用发生遮挡前一帧的跟踪结果与当前帧结果进行加权融合，并替代模板集中权值最小的目标模板，利用上一帧的跟踪结果对目标的局部特征块进行重新划分。

5.2　稀疏优化跟踪模型设计

当目标处于复杂场景时，现有稀疏表示跟踪算法易发生跟踪漂移甚至丢失目标等问题。本书在跟踪过程中加入局部匹配约束，并通过局部校验的方式确定目标的最优匹配区域，同时更新目标模板集。

5.2.1　建立联合模板集

给定一组视频序列，首先手动圈出首帧图像中目标区域，并利用高斯分布下的随机扰动得到 n 个目标模板集 $T=\{t^1,t^2,\cdots,t^n\}$。然后对首帧确定的目标区域进行非重叠均匀分割，获得 S 个 $l\times l$ 不重叠的局部特征子块。为了满足局部特征块匹配，将跟踪图像的目标候选样本也分为 M 个 $l\times l$ 不重叠子块。S、M 表示局部块的个数，l 表示特征块的大小，分块效果如图 5-2 所示。将分割后的局部块加入目标模板集中，建立包含目标的全局特征和局部特征的联合模板集。

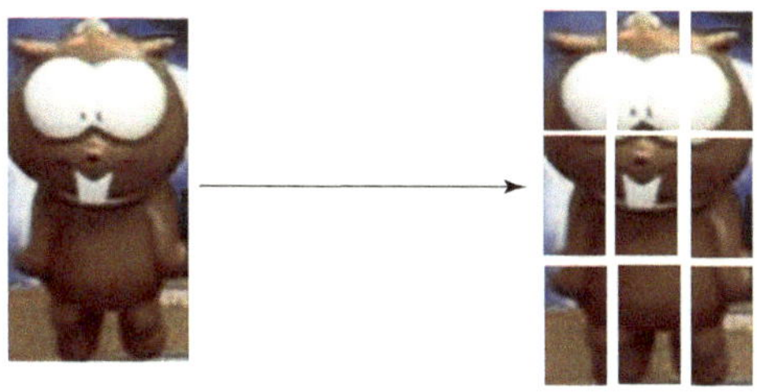

图 5-2　目标区域分块效果

5.2.2　粒子滤波框架

粒子滤波是通过抽取随机状态粒子来估计后验概率，是一种贝叶斯顺序重要性采样方法。在视觉跟踪中，该方法用于在具体的观察概率未知的情况下估计下一帧的目标，其组成分为两个过程：预测和更新。

设定第 t 帧中目标的状态变量为 x_t，前 $t-1$ 帧目标的状态特征观测集为 $y_{1:t-1}=\{y_1,y_2,\cdots,y_{t-1}\}$，则：

$$p(x_t \mid y_{1:t-1})=\int p(x_t \mid x_{t-1})p(x_{t-1} \mid y_{1:t-1})\mathrm{d}x_{t-1} \tag{5-1}$$

$$p(x_t \mid y_{1:t})=\frac{p(y_t \mid x_t)p(x_t \mid y_{1:t-1})}{p(y_t \mid y_{1:t-1})} \tag{5-2}$$

式中，$p(x_t|y_{1:t-1})$表示根据前 $t-1$ 帧目标的观测值估计的状态后验概率；$p(x_t|x_{t-1})$表示相邻帧目标的状态估计，$p(y_t|x_t)$为目标的观测概率，$p(y_t|y_{1:t-1})$为归一化常数。

式(5-2)的后验概率可由一组带权的粒子集估计逼近，从状态估计函数 $p(x_t|x_{t-1})$中抽取 N 个粒子样本集 $S_t=\{x_t^1,x_t^2,\cdots,x_t^N\}$进行带权估计，其粒子权重为 $w_t^i(i=1,\cdots,N)$，粒子样本来自重要性分布 $q(x_t|x_{1:t-1},y_{1:t})$，粒子权重的更新过程为：

$$w_t^i=w_{t-1}^i\frac{p(y_t\mid x_t^i)p(x_t^i\mid x_{t-1}^i)}{q(x_t\mid x_{1:t-1},y_{1:t})} \tag{5-3}$$

随着跟踪的不断深入，为了避免粒子退化现象，在每一帧中都需要根据状态估计函数进行重采样，产生新的等权粒子集进行目标状态的后验概率估计。

5.2.3 稀疏表示模型

稀疏表示模型旨在计算目标状态变量 x_t 的观测概率 $p(y_t|x_t)$，在第 t 帧中设定目标模板集为 $T_t=\{t_t^1,t_t^2,\cdots,t_t^n\}$，$n$ 表示模板个数，并令 $S_t=\{x_t^1,x_t^2,\cdots,x_t^N\}$表示粒子样本集，与其对应的候选样本集则表示为 $Y_t=\{y_t^1,y_t^2,\cdots,y_t^N\}$，则稀疏表示模型为：

$$y_t^i=T_ta_T^i+Ia_I^i\quad(\forall\, y_t^i\in Y_t;i=1,\cdots,n) \tag{5-4}$$

式中，I 表示琐碎模板集；$a_t^i=[a_T^i,a_I^i]$表示目标系数向量。因此，对于每一个候选样本 y_t^i，稀疏表示可由基于非负约束的 L_1 最小二乘法求得，即：

$$\min_a\frac{1}{2}\,||\,y_t^i-Aa\,||_2^2+\lambda\,||\,a\,||_1\quad(a\geqslant 0) \tag{5-5}$$

式中，$A=[T_t,I,-I]$。最终获得目标状态变量 x_t^i 的观测概率 $p(y_t|x_t^i)$：

$$p(y_t\mid x_t^i)=\frac{1}{C}\exp(-\alpha\,||\,y_t^i-T_ta\,||_2^2) \tag{5-6}$$

式中，α 为高斯核函数的恒控因子；C 为正规化常数；a 表示满足式(5-5)的稀疏解，则第 t 帧中的最优目标状态变量 x_t^* 为：

$$x_t^*=\operatorname*{argmax}_{x_t^i\in S_t}p(y_t\mid x_t^i) \tag{5-7}$$

为了解决利用内点法求解式(5-5)中 L_1 最小二乘的计算复杂问题，文献[113]提出一种最小残差边界约束最小二乘求解过程，其最优目标状态的重构残差边界为：

$$||\,T_ta-y\,||_2^2\geqslant||\,T_ta^*-y\,||_2^2 \tag{5-8}$$

$$a^*=\operatorname*{argmin}_a||\,T_ta-y\,||_2^2 \tag{5-9}$$

式中，a^*表示目标模板与特征观测变量的线性最优逼近，因此可以得出目标状

态变量 x_t^i 的观测概率 $q(y_t \mid x_t^i)$ 的上界，即：

$$q(y_t \mid x_t^i)=\frac{1}{C}\exp(-\alpha \parallel y_t^i - T_t a^* \parallel_2^2) \tag{5-10}$$

显然 $p(y_t \mid x_t^i) \leqslant q(y_t \mid x_t^i)$，约束条件为：当 $q(y_t \mid x_t^i) \leqslant \sum p(y_t \mid x_t^j)/(2N-1)$ 时，抽取的粒子样本 x_t^i 则在重采样的过程中舍弃，这样可以有效地减少所需的采样粒子数，提高跟踪算法的运行效率。

5.2.4　局部最优匹配

在稀疏跟踪的过程中，为了克服目标非刚性形变、局部遮挡等外界因素的影响，引入最优相似性匹配（optimal similarity matching，OSM）模型计算候选样本中的局部特征块与目标模型之间的相似性。

设局部特征像素集为 $P=\{p_i\}, i\in 1,\cdots,nn$，$p_i$ 表示特征块的中心像素点，候选样本的特征像素集为 $Q=\{q_j\}, j\in 1,\cdots,mm$，$q_j$ 表示候选局部特征块的中心像素点。OSM 模型的核心是计算特征像素集之间的最优匹配对（optimal matching pair，OMP）。若 p_i 与 q_j 为最优匹配点，即说明 q_j 是 p_i 的最近邻匹配点，其计算方式为：

$$\mathrm{OMP}(p_i,q_j,P,Q)=\begin{cases}1 & NN(p_i,Q)=q_j \cap NN(q_j,P)=p_i \\ 0 & NN(p_i,Q)\neq q_j \cup NN(q_j,P)\neq p_i\end{cases} \tag{5-11}$$

式中，$NN(p_i,Q)$ 表示最近邻匹配距离，即 $NN(p_i,Q)=\underset{q\in Q}{\arg\min}\, d(p_i,q)$，$d(p_i,q)$ 表示特征像素点 p_i 与特征像素集 Q 之间的匹配距离，具体表示为：

$$d(p,q)=\parallel p^A - q^A \parallel_2^2 + \parallel p^L - q^L \parallel_2^2 \tag{5-12}$$

式中，A 表示颜色特征（RGB），L 表示纹理特征（LBP）。由此可以计算局部特征像素集 P 与候选样本的特征像素集 Q 之间的最优相似性匹配（OSM）：

$$\mathrm{OSM}=\frac{1}{\min\{nn,mm\}}\sum_{i=1}^{nn}\sum_{j=1}^{mm}\mathrm{OMP}(p_i,q_j,P,Q) \tag{5-13}$$

特征像素集 P、Q 之间的最优相似性匹配的期望为：

$$E_{\mathrm{OSM}}=\frac{1}{\min\{n,m\}}\sum_{i=1}^{n}\sum_{j=1}^{m}E_{\mathrm{OMP}} \tag{5-14}$$

由上式可知，计算模型的最优相似性匹配期望即为计算最优匹配点的期望。已知最优匹配点的期望为：

$$E_{\mathrm{OMP}}=\iint_{P,Q}\mathrm{OMP}_{i,j}(P,Q)p(P)p(Q)\mathrm{d}P\mathrm{d}Q \tag{5-15}$$

式(5-15)为关于特征集 P、Q 的多元积分，假设每个像素点之间是相互独立的，对上式进行展开：

$$E_{\mathrm{OMP}}=\int\limits_{p1}\cdots\int\limits_{pnn}\int\limits_{q1}\cdots\int\limits_{qmm}\mathrm{OMP}_{i,j}(P,Q)\prod_{x=1}^{nn}f_P(p_x)\times \prod_{y=1}^{mm}f_Q(q_y)\mathrm{d}p_1\cdots\mathrm{d}p_{nn}\mathrm{d}q_1\cdots\mathrm{d}q_{mm} \tag{5-16}$$

式中，$f_P(p_x)$为随机变量 p_x 在特征集 P 中的概率分布；$\mathrm{OMP}_{i,j}(P,Q)$是一个二进制函数，当 p_i 与 q_j 为相互最近邻匹配对时其值为 1，反之则为 0。

由此 $\mathrm{OMP}_{i,j}(P,Q)$也可以用距离的度量函数表示，即：

$$\mathrm{OMP}_{i,j}(P,Q)=\prod_{x=1,x\neq i}^{n}D[d(p_x,q_j)>d(p_i,q_j)]\times \prod_{y=1,y\neq j}^{n}D[d(p_i,q_y)>d(p_i,q_j)] \tag{5-17}$$

式中，D 为基于距离度量的二进制函数，假设给定 p_i、q_j 和 p_x 的分布函数，则 $\mathrm{OMP}_{i,j}(P,Q)$可进一步简化为：

$$C_{p_x}=\int_{-\infty}^{+\infty}D[d(p_x,q_j)>d(p_i,q_j)]f_P(p_x)\mathrm{d}p_x \tag{5-18}$$

式中，$d(p_i,q_j)$已由式(4-12)给出，继续对上式推导，可得：

$$C_{p_x}=\int_{-\infty}^{+\infty}D[(p_x<q_j^-)\cup(p_x>q_j^+)]f_P(p_x)\mathrm{d}p_x \tag{5-19}$$

式中，$q^-=q-d(q,p)$，$q^+=q+d(p,q)$。

由上式可知 $q^-<q^+$，则 C_{p_x} 可由特征像素集 P 的累积分布(CDF)$F_P(x)$表示，即：

$$C_{p_x}=F_P(q_j^-)+1-F_P(q_j^+) \tag{5-20}$$

同理可以推导出测试图像特征像素集 Q 的累积分布(CDF)$F_Q(y)$表示，即：

$$C_{q_y}=F_Q(p_i^-)+1-F_Q(p_i^+) \tag{5-21}$$

由此，式(4-16)可进一步推导为：

$$E_{\mathrm{OMP}}=\iint\limits_{p,q}[F_Q(p^-)+1-F_Q(p^+)]^{mm-1}\times[F_P(q^-)+1-F_P(q^+)]^{nn-1}\cdot f_P(p)f_Q(q)\mathrm{d}p\,\mathrm{d}q \tag{5-22}$$

式中，$F_P(x)$和 $F_Q(x)$表示特征像素集 P 与特征像素集 Q 的累积分布(CDFs)，p^-、p^+、q^-、q^+分别为：

$$\begin{cases}p^-=p-d(p,q),p^+=p+d(p,q)\\ q^-=q-d(q,p),q^+=q+d(p,q)\end{cases} \tag{5-23}$$

由此可以计算出局部特征像素集 P 与候选样本特征像素集 Q 之间的最优相似性匹配。

5.2.5　局部校验

利用传统稀疏表示跟踪目标时，根据目标模板集对每一个候选样本进行稀疏表示，并利用重构残差 γ 求出优化匹配样本，具体表达式为：

$$\gamma_f = || T_t^f a^f - y_f ||_2^2 \tag{5-24}$$

$$f^* = \arg\min_f \gamma_f \tag{5-25}$$

式中，f 表示候选样本；f^* 表示匹配最优样本；a^f 表示目标系数向量；T_t^f 表示第 t 帧目标模板集；y_f 表示第 f 个候选样本的观测值。

引入局部特征匹配校验机制，利用式(5-14)所匹配到的候选样本记为 $\hat{f}$。若 $\hat{f}$ 与 f 表示的候选样本相同，即为同一候选样本，则认为该帧跟踪结果为最优匹配结果；若 $\hat{f}$ 与 f 表示的候选样本不同，即认为该帧稀疏跟踪结果发生偏移，则取两个样本的交集为最优匹配结果。

引入局部特征匹配校验有如下两个特点：

① OSM 模型采用双向最优相似匹配，无须事先获得目标的先验形状等信息约束匹配过程，可有效地避免稀疏跟踪中由于目标形变、旋转变化等因素的影响而导致的跟踪漂移问题。

② 当复杂场景中有相似物体与目标发生相互遮挡时，由于利用目标局部颜色、纹理特征计算特征像素集之间的近邻最优匹配对 OMP，并利用局部特征与稀疏跟踪得到的全局特征进行相互约束，可较大程度上抑制外界因素的影响。

5.2.6　更新模板集

(1) 遮挡决策判定

在跟踪的过程中，目标形变、遮挡等情况时常发生，会对跟踪结果造成一定影响。针对在跟踪过程中是否发生遮挡进行判断，定义遮挡阈值 θ_0（在试验中，$\theta_0=0.6$），并与当前帧计算的遮挡阈值 θ_t 进行比较。如果 $\theta_t<\theta_0$，则判定目标发生遮挡。遮挡阈值 θ_t 的计算表达式为：

$$\theta_t = n_{\mathrm{OMP}}^t / n_{\mathrm{overall}} \tag{5-26}$$

式中，n_{OMP}^t 表示第 t 帧跟踪结果中利用 OMP 方法匹配到的最优局部块数；n_{overall} 为常数，表示被分割的局部块总数。

SOLS 方法利用局部目标特征进行遮挡决策判定，能够较好地解决由于目标形变、遮挡而导致的跟踪漂移问题，使得更新后的模板集对目标的特征描述更为完善。

（2）更新方法

若在整个跟踪的过程中，模板集保持始终不变则易产生丢失目标的现象，若模板集更新得过于频繁，不仅会产生误差累积问题，还会增加方法的运行时长，降低跟踪的时效性。

SOLS 方法利用遮挡决策判定对目标发生遮挡进行判断，若未发生，则每 5 帧更新一次模板集，利用当前帧的跟踪结果替代模板集中权值最小的目标模板，并将目标的局部特征块进行重新划分；若发生遮挡，则利用遮挡前一帧的跟踪结果与当前帧结果进行加权融合替代模板集中权值最小的目标模板，并利用上一帧的跟踪结果对目标的局部特征块进行重新划分。

5.2.7 实现流程

SOLS 方法利用目标的全局特征和局部特征联合建模，然后提出一种局部感知校正方法约束稀疏优化匹配过程，在模板的更新中提出遮挡决策方法对遮挡进行检测更新。SOLS 的实现过程如下：

（1）步骤 1：建立目标模板集

① 手动选定第一帧图像中的目标模板，记为 T_1。

② 在高斯分布下进行随机扰动 T_1，得到其他目标模板。

③ 利用分割技术将首帧确定的目标区域进行非重叠均匀分割，得到 S 个不重叠的局部特征子块。

④ 将目标的全局特征与局部特征进行联合建模，并通过图像的仿射变换将建立的目标模板集缩放为相同大小的目标图像。

⑤ 将每幅目标模板图像均写成向量形式，并进行正规化处理，获得初始目标模板集。

⑥ 设定粒子样本数 N，初始化 D_1 为对应的模板 T_1 的仿射变换。

（2）步骤 2：稀疏表示跟踪

① 在高斯分布下进行随机扰动 D_t，生成相同均值、方差的 D_{t+1}。

② 对每个粒子样本，输入 D_{t+1} 对应的仿射参数，得到与目标模板相同大小的候选样本图像 $y_t(i)$。

③ 将每幅候选图像均写成向量形式，并正规化处理。

④ 求解最小二乘问题，即求解式(5-9)。

⑤ 利用式(5-10)求出目标状态的观测概率 $q(y_t|x_t^i)$，并按降序排列。

⑥ 对 $q(y_t|x_t^i)$ 满足阈值的候选样本 $y_t(i)$，利用文献[103]提出的加速近邻梯度求解式(5-5)，并算出相应的 $p(y_t|x_t^i)$。

⑦ 选取最大 $p(y_t|x_t^i)$对应的系数 c_i 作为寻找的目标系数，粒子 x_t^i 为要找的目标粒子。

(3) 步骤 3：局部模板校验

① 利用分割技术将首帧确定的候选样本非重叠均匀分割成 $l\times l$ 不重叠的局部特征子块。

② 利用式(5-11)、式(5-12)计算局部特征模板与候选样本图像之间的最优匹配对。

③ 利用式(5-15)确定局部特征模板与候选样本图像之间的最优相似性匹配(OSM)。

④ 通过局部特征块与候选样本的最优匹配对确定最优匹配样本。

⑤ 比较局部匹配样本与步骤 2 中选取样本的一致性。

⑥ 若为同一候选样本，则认为候选样本为该帧跟踪结果；若候选样本不同，即认为该帧稀疏跟踪结果发生偏移，则取两个样本的交集为最优跟踪结果。

(4) 步骤 4：目标模板集的更新

① 利用式(5-26)中在跟踪过程中是否发生遮挡进行阈值判断。

② 若未发生遮挡，则每 5 帧更新一次模板集，利用当前帧的跟踪结果替代模板集中权值最小的目标模板，并将目标模板集中的局部特征块进行重新划分。

③ 若发生遮挡，则利用发生遮挡前一帧的跟踪结果与当前帧结果进行加权融合，替代模板集中权值最小的目标模板，并利用上一帧的跟踪结果对目标模板集中的局部特征块进行重新划分。

④ 将采样粒子进行重采样，并更新 D_t。

5.3 试验结果与分析

计算机环境：CPU 为 Intel Core i7，内存为 16 GB。试验平台：MATLAB2012b。为了验证 SOLS 方法的性能，在 Wu 等[99]提出的目标跟踪评测标准上选取 10 个具有代表性的图像序列以及 6 种跟踪方法进行对比试验。10 个图像序列分别是 Girl、Deer、Lemming、Bird2、Woman、Bolt、Football、David1、Singer1 及 Basketball，这些视频序列基本涵盖了光照变化、部分遮挡、目标形变、背景杂波等影响因素。6 种跟踪方法为 L1APG[103]、TLD[93]、LOT(local orderless tracking)[114]、VTD[102]、SCM[92]、FRAG[101]。本章采用中心误差、跟踪重叠率来评价跟踪方法。试验中用到的图像序列信息见表 5-1。

表 5-1 试验中用到的图像序列信息

序号	图像序列	遮挡	形变	背景杂波	旋转
1	Girl	√			√
2	Deer			√	√
3	Lemming	√		√	
4	Bird2	√	√		
5	Woman	√	√		
6	Bolt	√	√	√	
7	Football	√		√	√
8	David1		√		√
9	Singer1	√		√	
10	Basketball	√	√	√	√

5.3.1 参数选择

为了说明 SOLS 方法参数选择的鲁棒性，以涵盖局部遮挡、目标形变、背景杂波及目标旋转 4 种挑战因素的图像序列 Basketball 为例，分别为 n、S、N 设置各个不同的参数值的比较结果见表 5-2。

表 5-2 3 项参数值的选择比较结果

试验参数	参数取值	平均中心误差	跟踪重叠率	平均耗时/(帧/s)	pf
目标模板个数 n	$\boldsymbol{n=5}$	8.94	0.69	3.26	0.25
	$n=8$	8.75	0.69	2.97	0.23
	$n=10$	8.41	0.70	2.76	0.23
	$n=15$	8.48	0.70	2.43	0.20
特征子块个数 S	S=6	12.36	0.67	2.35	0.13
	$\boldsymbol{S=9}$	8.94	0.69	3.26	0.25
	$S=12$	9.54	0.61	3.63	0.23
	$S=15$	11.79	0.56	3.89	0.18
采样粒子个数 N	$N=200$	17.23	0.54	3.75	0.12
	$N=300$	13.19	0.58	3.59	0.16
	$\mathbf{N=400}$	8.94	0.69	3.26	0.25
	$N=500$	8.91	0.69	2.72	0.21

同时，设置综合指数(pf)评价参数选择的鲁棒性，具体结果如图 5-3 所示。pf 的具体表达式为：

$$pf = \frac{\text{overlap} \times \text{rate}}{\text{error}} \tag{5-27}$$

式中，overlap 表示跟踪重叠率；rate 为跟踪方法每秒运行帧数；error 为运行平均中心误差；pf 表示方法的整体运行性能。

在目标模板集的建立过程中，通过随机扰动得到模板集，并利用这些模板进行相似匹配得到的跟踪结果更鲁棒。利用综合指数 pf 评价目标模板个数 n 的选择合理性，对比结果如图 5-3(a)所示，在试验中取 $n=5$。

将目标模板分割成 S 个相互不重叠的特征子块。若特征子块过大会导致特征选取不足，而特征子块过小又无法保证跟踪的时效性。利用 pf 选择最优特征子块个数 S，具体对比结果如图 5-3(b)所示，在试验中取 $S=9$。

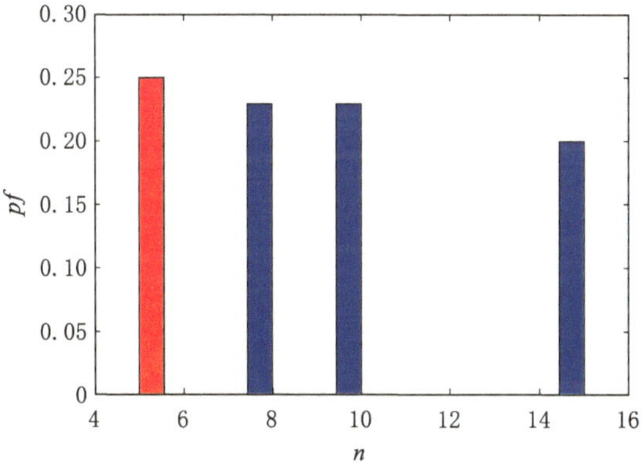

(a) 目标模板个数n

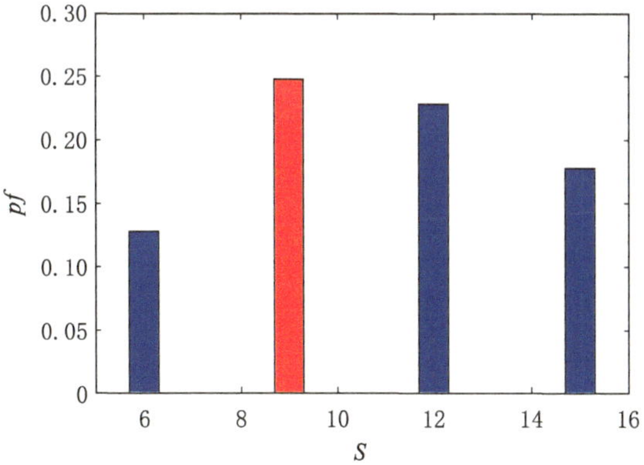

(b) 特征子块个数S

图 5-3　SOLS 方法的综合评价指数对比

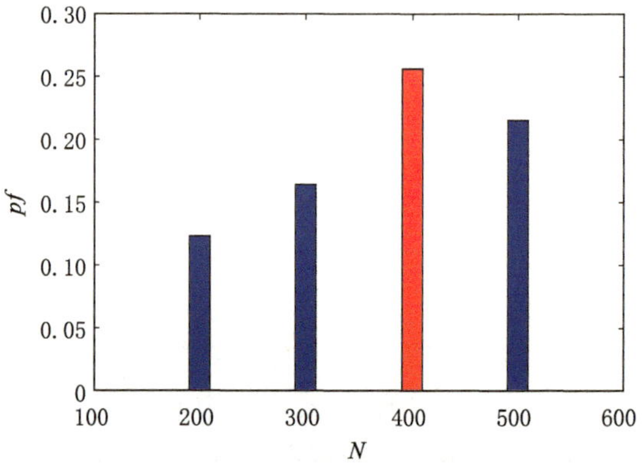

(c) 采样粒子个数N

图 5-3 (续)

在采样粒子数 N 值的选择上，若粒子数 N 过大会影响跟踪的时效性，同时易引入冗余背景信息，而选择过小又无法保证选取目标的完整性，其综合评价指数对比如图 5-3(c)所示，因此在试验中取 $N=400$。

5.3.2 与多种跟踪方法的比较

(1) 试验结果

试验所比较的 7 种跟踪方法在 10 个图像序列上平均中心误差见表 5-3。7 种跟踪方法在 10 个图像序列上的跟踪重叠率见表 5-4。由表 5-3 和表 5-4 中的统计结果可以看出，在大部分试验序列中，SOLS 方法优于同类方法(L1APG)。不仅如此，与其他 6 种跟踪方法相比，SOLS 方法同样具有较大优势，而且在所有视频序列上的平均中心误差及跟踪重叠率均是优秀的。这表明提出的 SOLS 跟踪方法是合理有效的，达到甚至超过了当前主流方法的跟踪效果。

表 5-3 不同跟踪方法的平均中心误差

	FRAG	SCM	VTD	TLD	LOT	L1APG	SOLS
1	24.27	**3.47**	8.64	7.66	20.28	25.51	10.15
2	87.64	37.62	**7.93**	25.34	29.44	38.76	19.43
3	112.63	75.43	60.73	32.68	14.48	142.28	**13.71**
4	14.96	11.53	46.24	10.23	47.61	25.44	**9.79**
5	118.28	**22.24**	107.69	137.47	118.41	115.57	31.24
6	73.62	**9.37**	49.17	141.24	17.62	132.48	13.52

表 5-3(续)

	FRAG	SCM	VTD	TLD	LOT	L1APG	SOLS
7	15.38	9.64	13.57	13.82	7.15	11.31	**5.44**
8	84.41	4.38	48.95	8.92	37.84	5.76	**4.11**
9	57.83	17.85	12.53	22.17	16.64	49.84	**9.63**
10	18.42	116.24	9.48	95.46	127.83	84.47	**8.94**

表 5-4　不同跟踪方法的跟踪重叠率

	FRAG	SCM	VTD	TLD	LOT	L1APG	SOLS
1	0.41	**0.74**	0.69	0.56	0.43	0.39	0.62
2	0.11	0.47	**0.63**	0.41	0.50	0.45	0.52
3	0.43	0.53	0.57	0.77	0.83	0.39	**0.84**
4	0.70	0.74	0.41	0.80	0.43	0.63	**0.82**
5	0.14	**0.59**	0.15	0.12	0.14	0.15	0.52
6	0.47	**0.76**	0.55	0.16	0.72	0.23	0.73
7	0.63	0.71	0.65	0.65	0.73	0.68	**0.74**
8	0.23	0.82	0.53	0.79	0.55	0.80	**0.84**
9	0.55	0.73	0.74	0.69	0.72	0.57	**0.77**
10	0.63	0.17	0.67	0.21	0.14	0.25	**0.69**

(2) 准确性分析

① 局部遮挡。由表 5-3、表 5-4 可以看出,在处理目标遮挡的问题上,SOLS 方法的优势较为明显,均达到甚至超过对比的 6 种跟踪方法(FRAG、SCM、VTD、L1APG、TLD 及 LOT)。SOLS 方法在 8 组局部遮挡视频图像序列的平均中心误差为 12.80,平均重叠率达到 0.72。7 种方法的跟踪结果如图 5-4 所示。

与同类方法 L1APG 相比,SOLS 首先根据全局特征和局部特征进行联合建模,并利用具有相同颜色、纹理特征的局部特征块进行最优相似性匹配,计算候选样本特征块与目标局部特征块之间的相似性对稀疏跟踪结果进行校验,并引入遮挡决策对目标发生遮挡进行判定,避免在遮挡情况下目标检测的误识问题,从而较准确匹配目标。

② 目标形变。在针对目标形变的试验中,选取 5 组视频序列分别对 7 种跟踪方法进行测试,SCM 及 SOLS 方法的跟踪效果较为理想,而 SOLS 方法的效

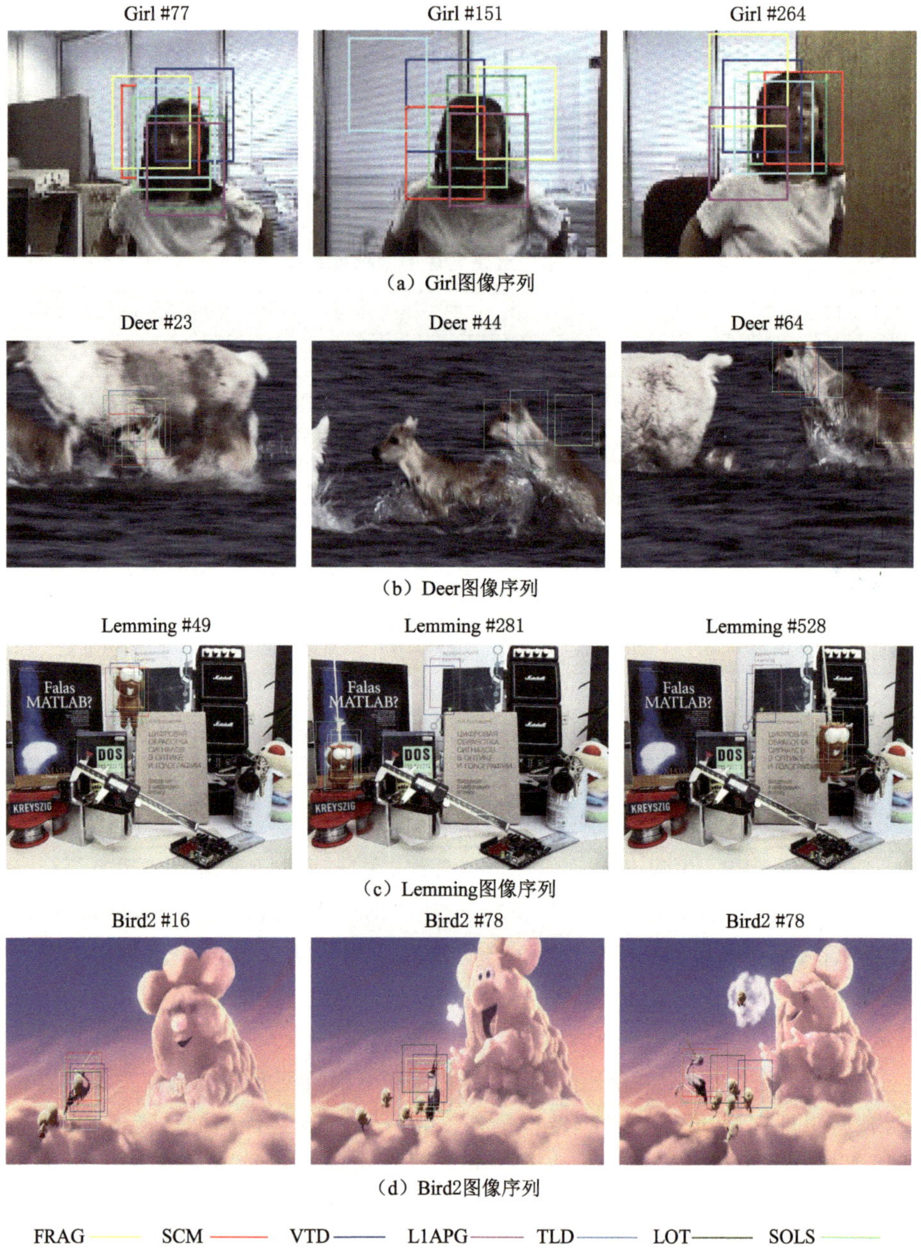

图 5-4　7 种跟踪方法在 10 组图像序列中的跟踪结果

（e）Woman图像序列

（f）Bolt图像序列

（g）Football图像序列

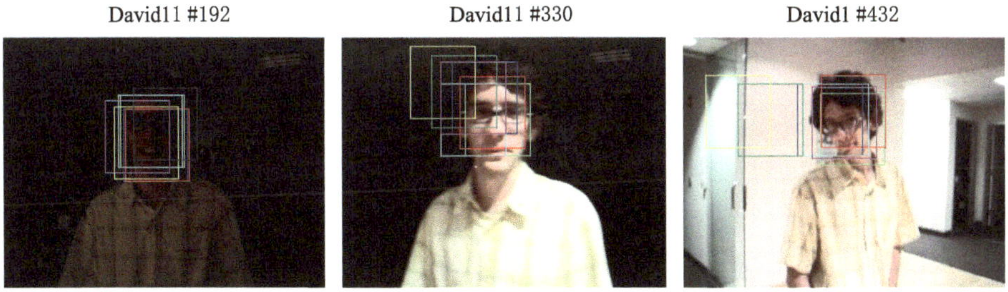

（h）David1图像序列

图 5-4 （续）

(i) Singer1图像序列

(j) Basketball图像序列

图 5-4 （续）

果最佳。特别是针对目标匹配的跟踪方法(L1APG、TLD 及 LOT)，SOLS 的优势较为明显，5 组视频图像序列的平均中心误差为 13.52，平均重叠率达到 0.72。与 L1APG 方法相比，SOLS 方法利用具有相同颜色、纹理特征的局部块进行双向最优相似性匹配，即使稀疏跟踪发生一定偏差，通过计算候选样本中的局部特征块($l \times l$ 子块)与目标模板($l \times l$ 子块)之间的相似性校验，使得在目标发生形变时，基于局部感知的稀疏跟踪方法能够更准确地描述目标。

③ 背景杂波。针对背景杂波问题，选取 6 组视频序列分别对 7 种跟踪方法进行测试。在这组测试中，基于模型匹配的跟踪方法普遍优于其他方法，TLD、LOT 及 SOLS 方法的跟踪效果较为理想，而 SOLS 方法的跟踪效果最佳。6 组视频图像序列的平均中心误差为 11.78，平均重叠率达到 0.72。由图 5-4 的跟踪结果可以看出，与 L1APG 方法相比，SOLS 方法利用目标的全局特征和局部特征进行联合建模，并在稀疏跟踪过程中引入局部相似匹配方法对稀疏跟踪结果进行校验，使得跟踪结果更鲁棒。然后在模板的更新中提出一种在线模型更新算法，引入遮挡决策对目标发生遮挡进行判定，并根据判定结果分别采取不同的更新策略。当图像中背景信息较为复杂时，SOLS 方法通过全局特征和局部特征最优相似匹配，依然能够准确匹配目标。

④ 目标旋转。采用 5 组视频序列测试当目标旋转时 7 种方法的跟踪情况。由表 5-3 和表 5-4 可以看出，FRAG、SCM、L1APG、TLD 及 LOT 方法均出现在跟踪误差较大的情况下，SOLS 方法的优势较为明显，5 组图像序列的平均中心误差为 9.6，平均重叠率达到 0.68。与 L1APG 方法相比，SOLS 方法在目标模板集中加入局部特征模板，并通过双向相似性匹配对稀疏跟踪进行校验，当目标发生旋转而导致部分特征丢失时，通过计算图像中的局部特征块使得跟踪方法对目标的描述更准确。

5.4　本章小结

本章介绍了一种局部感知下的稀疏优化跟踪方法。该方法利用目标的全局特征和局部特征进行联合建模，并在稀疏跟踪过程中提出一种利用颜色、纹理特征的局部相似匹配方法对稀疏跟踪结果进行校验，使得跟踪结果更鲁棒。然后在模板的更新中提出一种在线模型更新算法，引入距离决策对目标发生遮挡进行判定，并根据判定结果分别采取不同的更新策略。通过对 10 组视频图像序列进行试验对比分析，该方法在障碍物遮挡、目标形变等条件下，均得到了较高的跟踪准确率和较好的鲁棒性。

第6章 基于定位-分类-匹配模型的目标跟踪方法

目标跟踪是计算机视觉领域的重要组成部分，被广泛应用于智能交通、机器视觉、运动捕捉等方面。现实场景中目标旋转、快速运动、背景杂波等多种因素的影响易造成跟踪准确率的降低，因此如何有效地克服这些问题成为目标跟踪领域的关键问题。近年来，许多流行的深度学习框架被成功地应用到目标跟踪中，卷积神经网络(convolutional neural network，CNN)就是其中一种比较成熟的框架。Wang 等[115]将非跟踪数据预训练与在线微调的策略相结合解决跟踪过程中训练数据不足的问题，使用 CNN 作为获取特征和分类的网络模型。该算法作为 CNN 网络在目标跟踪领域的一次成功应用，取得了非常优异的表现。Ma 等[116]提出分层卷积特征的概念，将卷积神经网络与相关滤波器结合，在首帧中利用 Conv3_4、Conv4_4、Conv5_4 特征的插值分别训练得到 3 个相关滤波器。然后利用上一帧目标位置获取三个卷积层的特征进行插值操作，并通过每层的相关滤波器预测区域置信度。最后从 Conv5_4 开始逐层预测，以最底层的预测结果作为跟踪的目标。Hong 等[117]将 CNN 与支持向量机(support vector machine，SVM)结合，利用 SVM 的分类属性对 CNN 进行训练，试验结果证明了该训练方式的有效性。Wang 等[118]直接使用大规模分类数据库 ImageNet 上训练出的 CNN 网络获得目标的特征表示，然后利用观测模型进行分类以获得最终的跟踪结果。该方法避免了跟踪时直接训练 CNN 样本不足的困境。Nam 等[119]提出了一种基于学习的多域网络(MDNet)，该网络分为共享层和特定域层两部分。将每个训练序列当成一个单独的特定域，每个域都有一个针对它的二分类层用于区分当前序列的前景和背景，而网络之前的所有层都是共享的。该共享层达到了学习视频序列中目标特征表达的目的，而特定域层又解决了不同训练序列分类目标不一致的问题。

尽管基于 CNN 的方法在目标跟踪中取得了理想的效果，但也存在以下不足之处：

① 基于传统 CNN 的跟踪方法仅利用前一帧的目标位置进行目标定位，当目标快速运动或变形时，这类方法易发生跟踪漂移。

② 在跟踪过程中，仅利用分类网络确定候选目标区域，当背景中存在相似物体干扰时，跟踪方法易发生错误匹配从而导致丢失目标。

③ 为了提高跟踪的准确率，一些跟踪方法设计的网络结构较为复杂，其时间复杂度较高。

针对上述问题，基于定位-分类-匹配模型的目标跟踪方法在定位模型中，利用前一帧目标的位置信息进行估计，生成若干个当前帧的候选目标区域。在分类模型中，采用已训练的 CNN 特征对候选区域进行类间筛选，排除无关类别物体的干扰。在匹配模型中，利用匹配方法计算候选目标区域与建立的目标模型之间的相似性，从而完成类内寻优过程。与此同时，还分别对三个模型进行在线更新，保证跟踪的准确性。在 OTB50 和 OTB100 标准视频库中进行定性、定量分析，试验结果验证了该方法的有效性。

6.1　基于定位-分类-匹配跟踪总体流程

基于定位-分类-匹配模型的目标跟踪方法(location-classification-matching, LCM)的流程如图 6-1 所示。

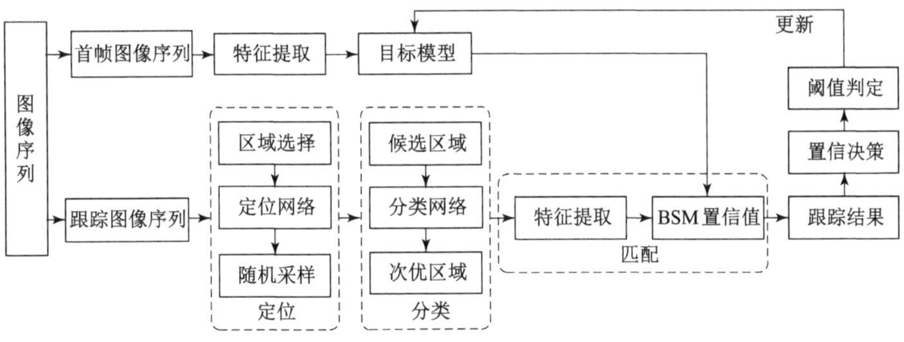

图 6-1　LCM 方法流程

在定位模型中，首先利用前一帧目标区域确定当前帧的搜索范围，然后引入 CNN 定位网络，利用前一帧目标特征信息估计当前帧的目标位置，最后利用估计的位置信息进行随机采样，获得若干个候选目标区域。在分类模型中，采用已训练的 CNN 特征对获得的候选区域进行类间筛选，计算每个区域的分类得分，

并选择前 N 个得分高的候选区域作为次优分类结果。在匹配模型中，为了避免相似物体干扰、背景杂波等影响，采用基于颜色特征和距离约束的双向最优相似匹配，确定匹配相似度最高的区域为最优目标区域，从而完成寻优匹配过程。在更新模型中，提出一种置信决策方法对匹配中的目标模型进行在线更新。

6.2 基于定位-分类-匹配跟踪模型设计

6.2.1 目标定位模型

传统的定位模型令 $X_t=\{x,y,\delta\}_{i=1}^{M}$ 表示第 t 帧的候选区域，(x,y) 为横、纵坐标值，δ 表示目标的尺度，M 表示随机采样数。$S(X_t;\tilde{x}_{t-1})$ 为转换模型，用于当前帧的位置估计。$\tilde{x}_{t-1}$ 为前一帧的目标位置，$S(\cdot)$ 的输出结果即为第 t 帧的 M 个候选目标区域 X_t。根据视频序列中目标通常保持平滑移动的性质，可令目标转换模型 $S(\cdot)$ 服从标准正态分布，即 $S_{\text{norm}}(X_t;\tilde{x}_{t-1})=\mathbb{N}(X_t;\tilde{x}_{t-1},\Omega)$。其中，$\Omega$ 为对角协方差矩阵，$\mathbb{N}$ 表示样本位置的方差。

然而，当目标快速运动时，基于上述模型的跟踪方法易发生跟踪漂移。为解决此问题，引入一个简单的 2 层 CNN 网络结构。首先，根据前一帧的目标区域 $\tilde{x}_{t-1}$ 确定当前帧的搜索区域(以前一帧目标区域面积的 3 倍进行扩展得到当前帧的搜索区域)，并利用预训练的 CNN 特征表示该区域。为了保留更多的空间信息，采用 VGG-M[120] 网络中第一个 relu 层的低级特征作为预训练特征，该层的输出是尺度大小为 51×51×96 的特征图。然后引入双卷积层的定位网络计算搜索区域的目标特征分布响应图，从而得到该搜索区域中的目标中心位置。定位网络的卷积结构见表 6-1。

表 6-1　定位网络的卷积结构

卷积结构	大小	步长	通道
$relu_1$	—	—	96
Conv1	1×1	1	96
Conv2	1×1	1	256

在表 6-1 中，第 1 个卷积层包含 96 个通道，输出 256 个区域特征图。第 2 个卷积层包含 256 个通道，输出该区域的置信图，即目标特征分布响应图。最

后，以在置信图中响应最大点为目标中心位置 $\tilde{x}_t$，尺寸大小与 $\tilde{x}_{t-1}$ 相同的矩形框作为当前帧目标的估计位置，并利用 $S_{\text{norm}}(X_t;\tilde{x}_t)$ 进行采样，得到 M 个候选目标区域 X_t，目标定位过程如图 6-2 所示。

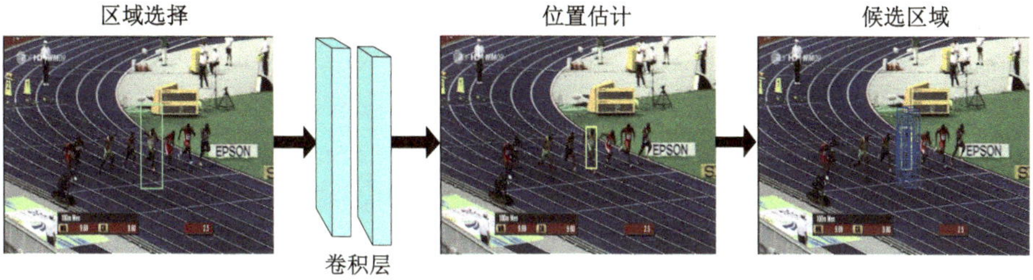

图 6-2　目标定位过程

6.2.2　目标分类模型

根据定位模型输出的目标候选区域，一种典型的分类方法是使用传统的决策模型 SVM[121] 或采用多层感知器（multi-layer perceptron，MLP）。这类方法需要将特征图矢量化，并将其输入一个或多个全链接层，最后再输入 SVM 或 Softmax 回归层，因此这类方法往往需要大量的训练参数，并在跟踪的过程中全链接层易发生过拟合。为了解决这一问题，引入 Yang 等[122] 设计的 3 层 CNN 网络对获得的候选区域进行类间筛选，计算每个区域的分类得分，并选择前 N 个得分高的候选区域作为次优分类结果。分类网络的卷积结构见表 6-2。

表 6-2　分类网络的卷积结构

卷积结构	大小	步长	通道
$relu_3$	—	—	512
Conv1	1×1	1	512
Conv2	1×1	1	128
Conv3	1×1	1	2
Pool	3×3	1	2

在表 6-2 中，为了捕获更多的类别信息，选用 VGG-M[120] 模型的 $relu_3$ 层进行特征提取，输出大小为 3×3×512 的特征图，然后送入目标分类网络。该网络分为 3 个 1×1 卷积层，前两个卷积层分别有 512 个和 128 个通道，最后一个卷积层输出每个区域属于目标或背景的响应得分。若某一区域属于目标的响应得

分越高[即文献[122]中的 $f^{+}(x_i)$],则表示该区域越接近目标区域。

虽然该目标分类网络在一般情况下可以较准确地跟踪目标,但当场景中出现相似物体干扰时,这类跟踪方法易发生错误匹配而导致丢失目标。为了弥补分类网络的不足,LCM 对生成的各个候选目标区域的响应得分进行降序排序,并选择前 N 个得分高的区域作为次优跟踪结果,并对这些区域进行再匹配,从而确定最终的跟踪结果。

6.2.3 双向相似匹配模型

在匹配模型中,受 Dekel 等[123]的最优相似匹配思想的启发,改进并提出了一种双向相似匹配方法(bi-directional similarity matching,BSM),计算前 N 个次优候选区域与目标模型之间的相似性。需要指出的是,目标模型是根据首帧人工选定的目标区域中提取 RGB 颜色特征而建立的,并随着跟踪的不断深入进行在线实时更新。

设目标模型的像素集为 $P=\{p_i\}, i\in 1,\cdots,n$,其中,$p_i$ 表示集合内的像素点。同理,设候选目标区域集合为的 $Q=[Q^1,Q^2,\cdots,Q^N]$。其中,$Q^s=\{q_j^s\}, j\in 1,\cdots,m$ 表示任意一个候选区域的像素集合,$s\in 1,\cdots,N$。下面以任意一个候选区域 Q^s 为例说明与目标模型之间的匹配相似性计算过程,即计算 BSM(P,Q^s)。

BSM(P,Q^s)的核心是计算像素集合中最优匹配对(best matching pair, BMP)个数,最优匹配对的计算方式为:

$$\mathrm{BMP}(p_i,q_j^s,P,Q^s)=\begin{cases}1, & NN(p_i,Q^s)=q_j^s \cap NN(q_j^s,P)=p_i \\ 0, & NN(p_i,Q^s)\neq q_j^s \cup NN(q_j^s,P)\neq p_i\end{cases} \tag{6-1}$$

式中,BMP(p_i,q_j^s,P,Q^s)是一个二进制函数,若 p_i 与 q_j^s 为最近邻匹配对,则 BMP(·)值为 1;反之,BMP(·)为 0。$\cap$为“取交”操作符,$NN(p,Q)$表示最近邻匹配距离。

双向相似匹配的具体解释为:对于两个像素集合 P 和 Q^s,首先计算集合 P 中的像素点 p_i 与集合 Q^s 之间的最近邻匹配距离 $NN(p_i,Q^s)$,确定其最优匹配对为 q_j^s。然后计算 q_j^s 与集合 P 之间的最近邻匹配距离 $NN(q_j^s,P)$。若此时所确定的最优匹配对为 p_i,则 BMP$(p_i,q_j^s,P,Q^s)=1$,若确定的最优匹配对不为 p_i,则令 BMP$(p_i,q_j^s,P,Q^s)=0$。$NN(p,Q^s)$的具体计算公式为:

$$NN(p_i,Q^s)=\underset{q^s\in Q^s}{\operatorname{argmin}}\, d(p_i,q^s) \tag{6-2}$$

式中,$d(p_i,q^s)$为像素点 p_i 与 q_j^s 之间的匹配距离,表达式为:

$$d(p_i,q^s)=||\, p_i(C)-q^s(C)\,||_2^2+||\, p_i(L)-q^{s(L)}\,||_2^2 \tag{6-3}$$

式中，C 表示颜色特征，L 表示像素之间的欧氏距离。

由此可以计算出集合 P 与 Q^s 之间的 BSM(·)为：

$$\mathrm{BSM}(P,Q^s)=\frac{1}{\min\{n,m\}}\sum_{i=1}^{n}\sum_{j=1}^{m}\mathrm{BMP}(p_i,q_j^s,P,Q^s) \tag{6-4}$$

重复计算 N 次 $\mathrm{BSM}(P,Q^s)$，可以得到最优匹配区域 $\widetilde{Q}(\widetilde{Q}\in Q)$，计算表达式为：

$$\mathrm{BSM}(P,\widetilde{Q})=\max_{Q^s}\mathrm{BSM}(P,Q^s) \tag{6-5}$$

本节以 Bolt 视频序列为例说明 BSM 相似度匹配的鲁棒性，匹配过程如图 6-3 所示。Bolt 视频序列涵盖了目标形变、快速运动、背景杂波等影响因素。从图中可以看出，BSM 采用双向校验的方式进行匹配，无须受目标先验形状、模型结构的约束，只利用双向匹配对个数进行统计计算，避免了目标形变、快速运动等因素的影响，具有较高的匹配准确率。

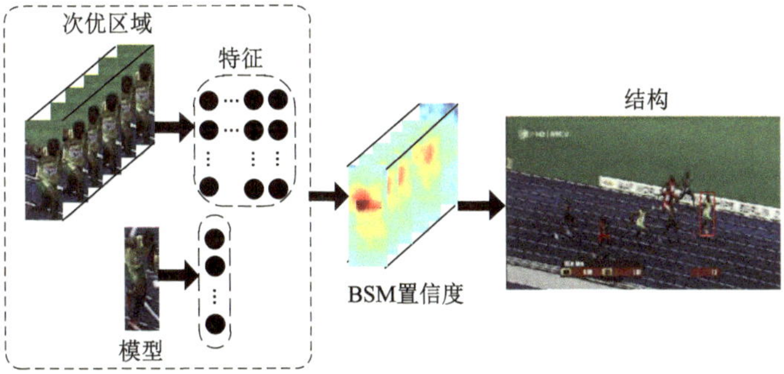

图 6-3　BSM 相似度匹配过程

6.2.4　模型的更新

在更新过程中，LCM 方法采用不同的策略来更新网络模型和匹配模型。

(1) 更新网络模型

与其他 CNN 跟踪器一样，利用长期(T_{long})/短期(T_{short})策略进行更新网络[124-126]。类似的，网络中的消极样本始终在 T_{short} 周期内进行采集，积极样本则各自从 T_{long}、T_{short} 周期采集。其中，T_{long} 为常数(在试验中取 20)，T_{long} 则由 BSM(·)的值决定，即设置一个阈值来决定是否执行短期 T_{short} 更新。若 BSM(·)$<\theta$，则执行短期更新(在试验中设 $\theta=0.6$)。

(2) 更新匹配模型

提出一种置信决策方法，类似于网络的短期更新策略，利用 BSM(·)的值决定是否更新目标模型。具体过程为：若 BSM(·)$\geqslant 0.6$，则认为当前帧的匹配结果较为准确，目标模型无须更新；若 BSM(·)∈(0.3,0.6)，则利用式(6-6)对目标模型进行更新；若 BSM(·)≤0.3，则认为当前帧发生了误匹配。在试验中发现，此时更新匹配模型会造成后续帧中发生较大位置的跟踪偏移，因此在此情况下不更新目标模型。

$$P = \lambda P + (1-\lambda)\tilde{Q} \tag{6-6}$$

式中，$\tilde{Q}$ 为当前帧中匹配到的目标区域特征分布，λ 为更新权重(在试验中取 0.7)。

6.3 试验结果与分析

本章的试验均在 CPU 为 Intel Core i7，3.4 GH 主频和 16GB 内存的台式机上进行测试，试验平台：MATLABR2016a、Visual Studio 2015。选取的标准测试集为 OTB50[90] 与 OTB100[99]，主要考虑其客观性和权威性，便于与优秀的跟踪方法进行对比分析。首先将详细说明试验的参数设置，以进一步了解 LCM 跟踪的实现过程。然后为了体现方法的整体鲁棒性，将各个模型进行拆分重组，并在 OTB50 上进行验证说明。最后选用近几年较为流行的目标跟踪方法在 OTB50 和 OTB100 上进行测试分析，说明 LCM 方法的有效性。

6.3.1 参数设置

在定位模型中，设定当前帧中的搜索区域是前一帧目标区域的 3 倍(区域面积)。为了得到覆盖更为广泛、全面的候选区域，根据当前帧估计位置，随机采样 256 个大小相同的区域作为候选目标区域，即 $M=256$。在分类模型中，设 $N=10$，即选择前 10 个候选区域进行目标模型匹配过程。对于正态分布 $\mathbb{N}(\cdot)$的对角协方差阵，设 $\Omega=(0.09r^2, 0.09r^2, 0.25)$，其中，$r$ 为跟踪得到目标区域大小的平均值。定位网络：第一层包括 96 个卷积核，第二层包括 256 个卷积核，即输出 256 个搜索区域的特征得分。分类网络：第一层包括 512 个通道，第二层包括 128 个通道，最后一层输出各个搜索区域的类间得分。首帧设置的网络训练最大迭代次数为 10，在线更新迭代次数为 5。

6.3.2 跟踪性能分析

为了说明跟踪方法有效性，本小节将关键的三个模型(定位模型、分类模型以及匹配模型)进行拆分重组，分别设计了三种跟踪方法：无定位模型(Alg1)、无分类模型(Alg2)、无匹配模型(Alg3)。然后，将这三种跟踪方法与 LCM 方法在 OTB50 标准视频库上进行验证，证明提出的 LCM 方法的鲁棒性。选择的对比属性为：光照变化(IV)、尺度变化(SV)、遮挡(OCC)、形变(DEF)、运动模糊(MB)、快速运动(FM)、背景杂波(BC)、低分辨率(LR)。评价指标为:距离精确度 DP(阈值设定为 20 个像素),跟踪重叠率 OR(重叠阈值为 0.5)以及运行速度 RS。

(1) 准确性分析

LCM 方法与 Alg1、Alg2 及 Alg3 方法在不同属性下的距离精确度与跟踪重叠率见表 6-3。

表 6-3　4 种跟踪方法在不同属性下的距离精确度与跟踪重叠率

	Alg1		Alg2		Alg3		LCM	
Attributes	DP	OR	DP	OR	DP	OR	DP	OR
IV	86.2	81.4	73.8	68.5	88.7	83.2	90.5	84.6
SV	82.4	73.8	70.2	62.1	88.6	79.4	88.2	78.7
OCC	81.6	76.5	67.6	60.4	84.2	78.6	91.4	81.5
DEF	86.1	77.9	68.4	60.8	88.3	79.6	89.7	82.1
MB	84.3	82.6	71.4	69.5	88.9	85.2	89.6	86.3
FM	83.8	78.6	67.5	60.8	88.7	81.4	89.8	82.7
BC	87.8	82.6	75.7	68.5	89.9	83.0	91.3	84.4
LR	77.6	67.8	57.8	50.9	89.6	78.6	94.1	80.5

由表 6-3 可以看出,LCM 在不同属性下的距离精确度与跟踪重叠率均优于其他跟踪器,具体的排列顺序为:LCM>Alg3>Alg1>Alg2。从 Alg1 与 LCM 的对比可以看出加入定位模型的有效性。在 8 种属性下,DP 提高了 7%左右,OR 提高了 5%左右。同样的,Alg2 与 LCM 相比可以验证加入分类模型的重要性,在 8 种属性下,DP 提高了 21%左右,OR 提高了 20%左右。Alg3 与 LCM 相比,DP 提高了 2%左右,OR 提高了 1.5%左右。由于 Alg3 本身的平均 DP 和 OR 已经较高,因此加入匹配模型的效果并未表现得十分明显,但也足以说明其重要性。

LCM 在 8 种属性下的平均 DP 和 OR 分别为 90.5%、82.6%。从单个属性下的跟踪结果能够分析出 LCM 方法的鲁棒性。在遮挡的条件下,LCM 的 DP、OR 分别为 91.4%、81.5%,由于使用 BSM 进行相似匹配,并对分类结果进行校验,因此 LCM 方法可以解决该条件下的误匹配问题,从而获得更精确的跟踪结果。在目标形变的情况下,LCM 的 DP、OR 分别为 89.7%、82.1%,由于采用已训练的 CNN 特征进行定位、分类操作,所以从 Alg3 可以看出此类方法的鲁棒性,而加入的匹配模型使得 LCM 的跟踪更为可靠。同时,试验选取了 5 组具有代表性的图像序列进行跟踪结果展示,其跟踪效果如图 6-4 所示。

(a) Bolt图像序列

(b) Jump图像序列

(c) MotorRolling图像序列

(d) Biker图像序列

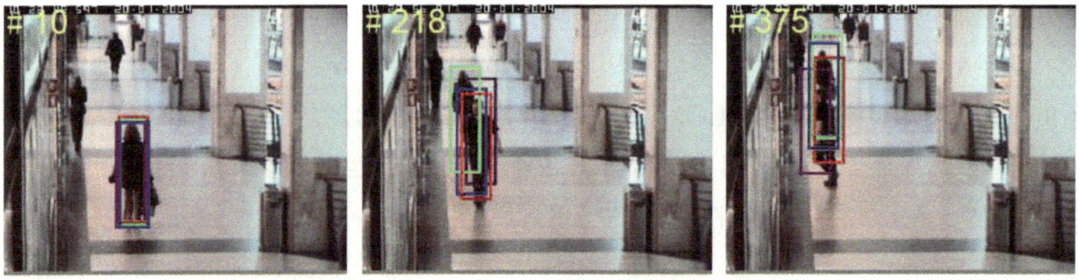

(e) Walking2图像序列

Alg1 ——— Alg2 ——— Alg3 ——— LCM ———

图 6-4 4 种跟踪方法在 5 组序列中的跟踪结果

(2) 时效性分析

4 种方法在不同属性下的运行速度见表 6-4。

表 6-4　4 种跟踪方法在不同属性下的运行速度

Attributes	Alg1	Alg2	Alg3	LCM
IV	2.74	64.55	3.48	2.68
SV	2.78	59.32	3.27	2.43
OCC	2.63	62.24	3.56	2.58
DEF	2.59	64.58	3.44	2.47
MB	3.22	69.44	4.06	2.81
FM	2.84	67.43	3.69	2.76
BC	2.61	68.72	3.14	2.39
LR	3.13	69.46	3.57	2.66

由表 6-4 可以看出,LCM 方法的运行速度维持在 2.6 fps 左右,具体的排列顺序为:LCM ＜Alg1＜Alg3＜ Alg2。与 Alg1 相比,两种方法的跟踪速度相当,这说明定位模型的运行效率较高,并未因为模型的加入而增加跟踪的时间复杂度。与 Alg3 相比,加入了匹配模型使得 LCM 的整体跟踪运行速度略有降低。与 Alg2 相比,虽然在运行速度上分类模型的时间复杂度较高,但从表 6-3 中的两个指标可以看出该模型的重要性。综合表 6-3 和表 6-4,虽然 LCM 方法的跟踪准确性较高,但算法的时效性略低,因此在今后的工作中,将重点对分类模型的结构、模型的更新策略的选取以及模型之间的协同关系做进一步的研究,提高跟踪方法的整体鲁棒性。

6.3.3　对比试验分析

为了客观地分析 LCM 的准确性和鲁棒性,选择被广泛使用的曲线评价方法 OPE(one-pass evaluation)。借鉴 Wu 等[99]在 OTB 标准库中提供的两大客观性指标:一个是精确度图,表示运行跟踪方法得到的目标中心位置与标准库中的实际位置之间的平均欧式距离,用于评价跟踪方法的准确性。精确度图能够清晰地显示出在给定的阈值范围之内的准确跟踪帧数占视频总帧数的百分比,在试验中使用的阈值为 20 个像素。另一个是成功率图,即位置矩形框的覆盖重叠率,设跟踪的矩形框为 c_t,实际的矩形框为 c_a,重叠率定义为 $S=|c_t \cap c_a|/|c_t \cup$

$c_a|$。为评估跟踪方法的性能，计算重叠率 S 大于指定阈值的帧数，成功率图则显示出阈值在[0,1]之间变化时跟踪成功帧的百分比。在评估过程中，利用曲线的面积(AUC)对跟踪方法做综合排名。本小节选取近年来表现优秀的跟踪方法与 LCM 方法进行对比分析，具体方法有：KCF(kernelized correlation filters)[127]、MDNet(multi-domain convolutional neural networks)[119]、MUSTer(multi-store tracker)[124]、CNN-SVM(convolutional neural networks-support vector machine)[116]、MEEM(multiple experts using entropy minimization)[125]、TGPR(tracking with gaussian processes regression)[126]、DSST(discriminative scale space tracking)[128]，下面分别从 OTB50 和 OTB100 两个标准库中的试验结果进行说明分析。

(1) OTB50

OTB50 是 2013 年由吴毅团队提出的目标跟踪标准测试库，包括 50 个人工标定的视频序列，涵盖了目标形变、遮挡、背景杂波等挑战性因素。基于该标准库进行测试，所提出的 LCM 方法与其他 7 种优秀的跟踪方法在精确度和成功率上的评估结果如图 6-5 所示。从图中可以看出，LCM 方法在精确度和成功率上与 MDNet 方法相当，在精确度上仅低 3%左右，成功率上也有 1%左右的降低，但均优于其他 6 种跟踪方法。与基于 CNN 的方法相比(MUSTer、CNN-SVM)，LCM 方法在精确度和成功率上分别有 4%和 5%的提高，这说明引入的基于 CNN 网络结构的定位、分类模型的有效性以及设计匹配模型的必要性。综上所述，LCM 在跟踪成功率和精确性方面显示出良好的跟踪性能。

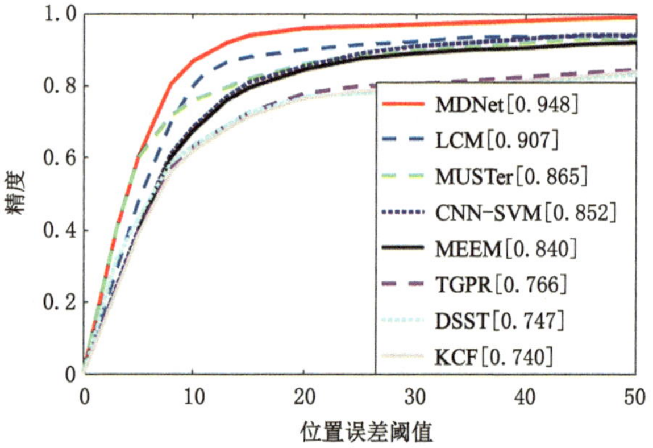

(a) 跟踪精度

图 6-5　8 种跟踪方法在 OTB50 上的精确度和成功率

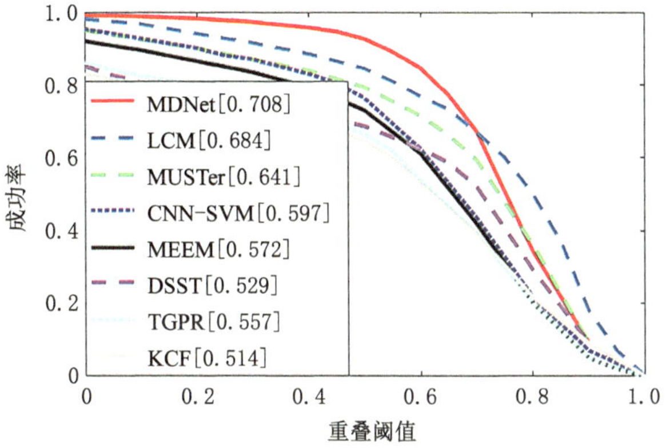

(b) 跟踪成功率

图 6-5 （续）

(2) OTB100

OTB100 是吴毅团队 2015 年在 OTB50 的基础上将标准视频库拓展到 100 组,并且涵盖了更为复杂的挑战性因素。本节基于此标准库进行测试,所提出的 LCM 与其他 7 种优秀的跟踪方法在精确度和成功率上的评估结果如图 6-6 所示。与 OTB50 的标准库验证相似,该方法在精确度和成功率上与 MDNet 方法相当,在精确度上仅低 1%左右,成功率上也有 1%左右的降低。由于面对更加全面、覆盖面更广的 OTB100,MDNet 方法在精度上下降了 4%,成功率下降了 3%,而 LCM 在精度和成功率上都较为稳定,均有 1%左右的下降,这说明 LCM 方法的运行稳定性较高。与其他 6 种跟踪方法相比,LCM 方法在精确度和成功率上均有一定优势,与 MUSTer、CNN-SVM 两个基于 CNN 的方法相比,精确度分别提高了 11%和 8%,成功率分别提高了 9%和 11%。此标准库中试验结果进一步说明 LCM 方法在跟踪成功率和精确性方面显示出良好的跟踪性能,且整体稳定性较高。

LCM 方法的主要思想是将深度特征与常规特征相融合应用到目标跟踪中,上述试验证明了其有效性。然而,与 MDNet 方法的比较显示了 LCM 方法的不足之处,特别是在匹配的过程中,若场景中出现相似颜色特征物体干扰时,LCM 方法的跟踪不理想。因此在今后的研究工作中,将重点研究将纹理特征、HOG 特征以及 Haar 等其他常规特征与深度特征相结合以实现更鲁棒的跟踪。

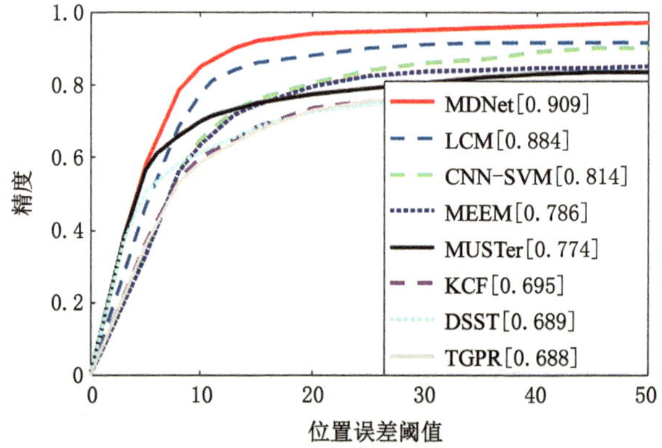

(a) 跟踪精度

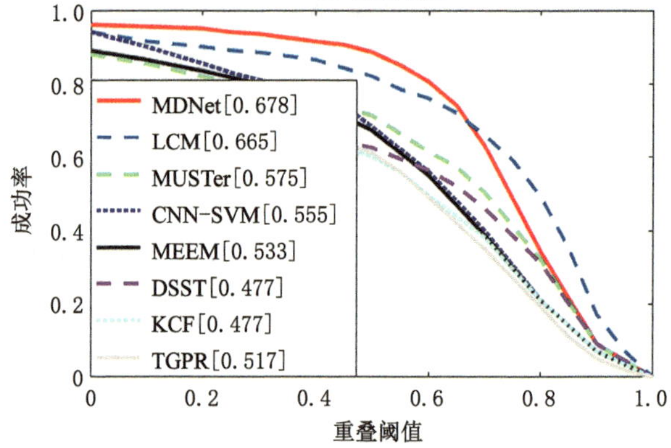

(b) 跟踪成功率

图 6-6　8 种跟踪方法在 OTB100 上的精确度和成功率

6.4　本章小结

本章提出了一种基于卷积神经网络的目标跟踪方法，其由定位、分类、匹配三个模型组成。在定位模型中，采用前一帧的跟踪结果估计预测当前帧的目标位置，并根据目标位置进行采样获得若干目标候选区域。在分类模型中，采用已训练的深度特征对获得的候选区域进行类间筛选，计算每个区域的分类分数，并选择前 N 个作为次优候选区域。在匹配过程中，利用 BSM 相似匹配方法计算次优区域和目标模型之间的相似性，从而得出当前帧中最优目标区域。此外，在模型的更新中采用长期/短期的策略更新网络，并提出了在线更新匹配模型的置信度决策方法。在 OTB50 和 OTB100 视频库中与近几年的跟踪方法相比，所提出跟踪方法显示出良好的跟踪性能。

第7章　基于混合特征融合的协同编队优化方法

与无人平台的路径规划不同,协同编队是指在目标跟踪的过程中,无人平台如何根据当前所处环境、目标状态等信息实时调整编队的队形、通信结构、观测角度,从而顺利完成所分配的跟踪任务。通过协同配合,多无人平台编队相比单平台具备更强的感知能力、任务执行能力以及容错能力,是无人技术发展的必然趋势。因此,本章提出基于多平台协同优化的目标跟踪方法(hybrid feature fusion based formation cooperative optimization,SMART)。该方法以异构无人平台协同执行跟踪任务为出发点,借鉴深度学习网络框架,提出基于混合特征融合的视觉感知方法,打破基于单一特征匹配识别的局限性,在保证目标识别时效性的同时,提高识别方法的准确性。此外,在协同编队遂行任务过程中,针对无人平台在复杂环境下的目标识别率低的问题,利用模糊结构元理论设计协同编队策略,生成模糊行进规则,实时调整各平台的监视跟踪位置,从而保证编队持续跟踪的准确性和容错能力。

7.1　编队优化问题描述

由于无人平台具有使用成本低、安全风险系数小,能够以低能量、远距离监控目标等优势,利用其作为跟踪器适合对处于复杂场景中的目标进行检测。此外,无人平台具有较高的移动性,适用于对目标进行长时间跟踪[129-131]。近年来,基于无人平台的目标跟踪受到了研究者的广泛关注[132],Chen 等[133]设计了一个单无人机跟踪控制系统,将无人机在室内外环境中对地面运动目标的跟踪分为目标搜索、目标跟踪和目标丢失三种控制模式,进一步推动了无人机跟踪研发的热潮。在此之后,一些学者应用支持向量机(SVM)、卷积神经网络(CNN)区分目标和背景,提高了无人平台跟踪的整体鲁棒性[94]。但是在复杂场景下,目标处于相似物体干扰、光照变化、局部遮挡、目标形变、目标旋转、目标快速运动、背景杂波等多种因素干扰的环境中，跟踪任务具有较高的难度，单一的跟踪方法仅能解决复杂场景下的部分问题。由于单无人平台在行进过程中容易受到视角变化、遮挡等因素制约，不具备在复杂场景中独立执行观测和跟踪任务的能力。因此，多平台协同跟踪已成为当今更为有效的跟踪策略。

与单平台跟踪的不同之处在于，多无人平台协同跟踪是一种典型的多Agent(智能体)系统。每个 Agent 在跟踪过程中由于对目标观测视角的不同，导致需要应对和解决复杂场景中的干扰问题也不相同，因此需要依据目标的观测情况与周围环境调整自身观测位置以实现最优观测。迄今为止，无人平台协同跟踪技术还不够成熟，但由于其广阔的应用前景，许多学者纷纷投入此项研究当中[134-136]。对于多无人机协同控制方面，Oh 等[137]提出了虚拟结构的控制方式，其中每架无人机被视为单独实体，实体间的位置信息被视为虚拟编队结构。此外，Zhang 等[138]指出无人机的姿态角是编队飞行控制不可缺少的组成部分，并设计了一种基于神经动态控制的方法，使无人机能够自主控制飞行位置和角度，但该方法不能满足实时任务的要求。

由于环境因素的干扰、目标的运动状态实时变化且运动不规则等问题，多无人平台协同跟踪目标除编队控制外还需要考虑无人平台与目标之间的相关性，即在复杂场景下无人平台的目标识别情况，并依据各平台的目标识别率构建多平台组织协同关系。然而，目前面向多平台组织、协同关系的研究相对较少，主要的挑战有以下两点：

① 在跟踪过程中必须考虑各平台的识别情况，才能对目标所处的环境制定决策。

② 由于各平台目标识别率的差异，需要设计多种协同策略来应对复杂环境变化。

为了应对这两个挑战，提供一个稳健的跟踪测试平台，本章主要目的是解决无人跟踪中的协同优化问题，并设计了一个面向复杂场景的多平台协同跟踪方法。

7.2 协同编队跟踪架构设计

在协同编队遂行跟踪任务过程中，由于相似物体、背景杂波等问题的干扰，在充分考虑目标识别鲁棒性的同时，仍需考虑无人平台与目标之间的相关性，并依据各无人平台的目标识别率构建多无人平台协同编队关系。本章旨在解决异构多平台跟踪系统中的编队调整问题，并设计基于混合特征融合的视觉感知编队跟踪方法，具体设计过程如图 7-1 所示。

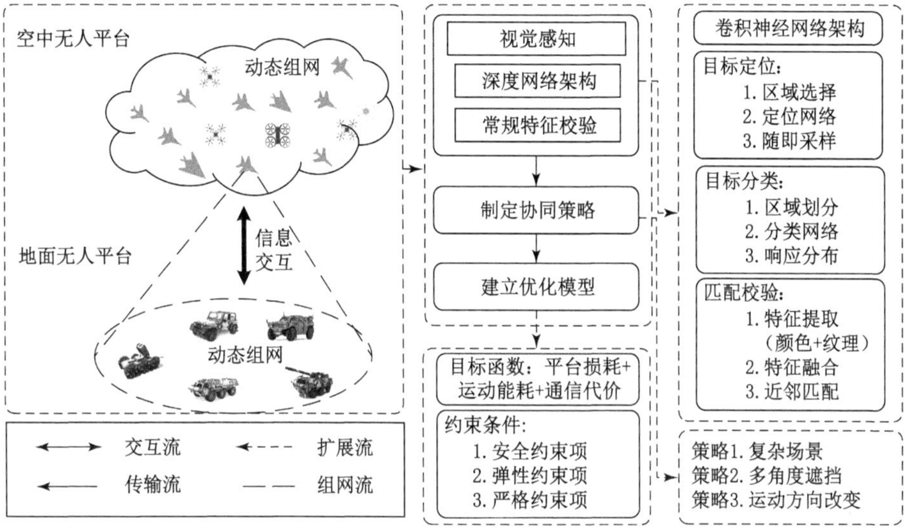

图 7-1　协同编队跟踪架构

在图 7-1 中，各无人平台通过嵌入目标识别方法执行跟踪任务，其性能由目标识别率衡量。由此可见，目标识别机制十分重要，因此，本章提出基于特征融合的视觉感知模块，利用深度网络架构融合常规目标特征的方式进行准确识别。在编队决策的过程中，簇内无人平台彼此共享目标信息，并利用识别结果对跟踪过程中的背景杂波、相似物体干扰等问题进行决策，以制定相应的行进规则。具体步骤如下：

① 计算目标识别率。由于地面上的目标移动不规则，每架无人机通过嵌入融合常规目标特征的深度目标识别算法执行飞行任务，编队跟踪性能由目标识别率(target recognition rate，TRR)衡量。

② 制定协调策略。无人平台将各自的目标识别率传送到 PC 机，并相互共享它们之间的地理位置信息。通过此方式对跟踪过程中的背景杂波、相似物体干扰、多角度遮挡、局部遮挡、目标运动方向变化等复杂场景进行判断，以制定相应的协同决策。

③ 建立协同优化模型。将无人平台的运动势能定义为协同模型的目标函数。基于上述决策，建立相应的行进约束、弹性约束、严格约束等条件。

④ 优化调整。通过求解优化模型，调整无人平台的观测位置，使其处于最佳观测角度，从而实现最佳的跟踪性能。

7.3 编队协同优化建模

在本节中，以 LCM 目标跟踪算法为依据，首先设定各无人平台的运动势能为目标函数，以协同机制为实时约束，建立编队优化模型，并在模型中设计了基于目标识别率的协同优化策略。然后，引入模糊结构元理论对该模型进行模糊求解，从而实现了对各平台观测位置的精确调整。

7.3.1 目标函数

在编队跟踪过程中，位置偏移、相机抖动等因素会严重影响无人平台对目标的识别率，导致整体跟踪的失败。因此，为了确保无人平台在稳定状态下行进到指定最佳观测位置，本章设计的跟踪平台引入第 3 章的定义 3.1，将基于位移的运动势能定义为目标函数，保证飞行稳定性的优化指标。单无人平台的动态势能表达式为：

$$J_{UP_i}=1-\mathrm{e}^{-\frac{\Delta x_i^2+\Delta y_i^2}{s^2}} \tag{7-1}$$

式中，s 表示第 i 个平台 UP_i 在 Δt 时间段内的最大行进位移；Δx_i、Δy_i 为第 i 个平台 UP_i 的调整位移（$\Delta x_i=x_i-x_i'$，$\Delta y_i=y_i-y_i'$）。式(7-1)表明无人平台的实际移动位移越小，其势能 J_{UP_i} 越小，即行进稳定性越高，有利于无人平台对目标的持续观测。因此，多平台协同跟踪的运动势能为：

$$J=\min\sum_{i=1}^{N}J_{UP_i} \tag{7-2}$$

式中，N 表示无人平台总数量。由于运动总势能仅与无人平台的实际移动位移相关，因此，根据定理 3.1，可将协同跟踪的目标函数改写为：

$$\min f(X,Y)=\sum_{i=1}^{N}\Delta x_i^2+\Delta y_i^2 \tag{7-3}$$

由于 Δx 与 Δy 相互独立，所以式(7-3)可等价为：

$$\begin{cases}\min f(\Delta x)=\Delta x_1^2+\Delta x_2^2+\cdots+\Delta x_N^2\\ \min f(\Delta y)=\Delta y_1^2+\Delta y_2^2+\cdots+\Delta y_N^2\end{cases} \tag{7-4}$$

式中，$f(\Delta x)$为自变量 Δx 的二次函数，$f(\Delta y)$为自变量 Δy 的二次函数。

由此可以看出，通过求解式(7-4)中的两个二次函数，即可完成协同优化过程。

7.3.2 固有约束条件

为了避免多平台在同一平面上的碰撞风险，在行进过程中必须确保无人平台之间保持一定的安全距离[139-140]，安全距离约束条件表示如下：

$$\begin{cases}|x_{it}-x_{kt}|\geqslant e_w\\|y_{it}-y_{kt}|\geqslant r_w\end{cases}\quad\left(i=1,2,\cdots,N;k=1,2,\cdots,N;w=1,2,\cdots,\frac{N(N+1)}{2}\right)\tag{7-5}$$

式中，e_w 是无人平台 i 在 x 轴上的最小安全距离，r_w 是平台 i 在 y 轴上的最小安全距离。

7.3.3　协同跟踪优化策略

令(x'_{it},y'_{it})表示第 i 个无人平台 UP_i 在 t 时刻的位置坐标，设 θ_1、θ_2($\theta_1<\theta_2$)为协同阈值。协同优化跟踪的主要难点是目标遮挡、视场变化、相似物体干扰、背景杂波等复杂场景。本节设计的协同平台将通过比较每个无人平台的目标识别率 TRR 和阈值 θ_1、θ_2 制定不同的协同行进策略。

策略 7.1　若所有平台的目标识别率 TRR_i 均满足 $\text{TRR}_i\leqslant\theta_1$，则认定目标可能处于背景杂波环境中而导致所有平台均发生误识别，这意味着目标偏离了无人机的视野范围，无人编队必须调整搜索范围以确保跟踪的灵活性。调整方式如下：

$$\begin{cases}x_{it}=x'_{it}\pm\Delta\bar{x}_{it}\\y_{it}=y'_{it}\pm\Delta\bar{y}_{it}\end{cases}\tag{7-6}$$

$$\begin{cases}\Delta\bar{x}_{it}=\dfrac{1}{n}\sum\limits_{k=1}^{n}\Delta x_{i(t-k)}\\\Delta\bar{y}_{it}=\dfrac{1}{n}\sum\limits_{k=1}^{n}\Delta y_{i(t-k)}\end{cases}\tag{7-7}$$

式中，(x_{it},y_{it})为 t 时刻第 i 个无人平台调整后的位置坐标；$(\Delta\bar{x}_{it},\Delta\bar{y}_{it})$表示无人平台 i 在 x、y 轴方向的位移；n 为采样时间；$\pm$表示平台的偏移方向。

跟踪平台以 TRR 最大的无人平台为中心，其他平台向其靠拢的方式确定各平台的偏移方向。图 7-2 以三架无人机协同调整为例进行实例说明。

在图 7-2 中，UAV_2 为中心无人机，UAV_1 和 UAV_3 需要调整飞行偏移方向。因此，式(7-6)可重写为：

$$\begin{cases}x_{1t}=x'_{1t}-\Delta\bar{x}_{1t}\\y_{1t}=y'_{1t}-\Delta\bar{y}_{1t}\end{cases}\tag{7-8}$$

$$\begin{cases}x_{2t}=x'_{2t}-\Delta\bar{x}_{2t}\\y_{2t}=y'_{2t}+\Delta\bar{y}_{2t}\end{cases}\tag{7-9}$$

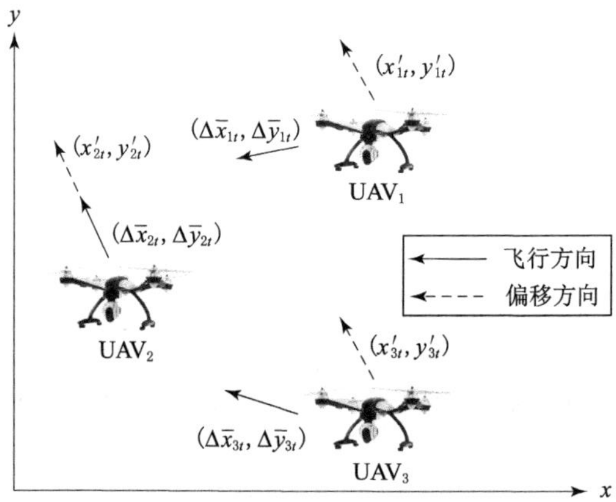

图 7-2　三架无人机飞行调整方式

$$\begin{cases} x_{3t} = x'_{3t} - \Delta\bar{x}_{3t} \\ y_{3t} = y'_{3t} + \Delta\bar{y}_{3t} \end{cases} \tag{7-10}$$

策略 7.2　若至少存在一个无人平台的目标识别率 TRR_i 满足 $\theta_1 \leqslant \mathrm{TRR}_i \leqslant \theta_2$，则认定目标可能发生了多角度遮挡。根据识别率最大的无人平台位置(x'_{at}, y'_{at})对其他平台位置(x'_{it}, y'_{it})进行微调，保证编队协同跟踪的整体稳健性。调整后的无人平台位置应满足以下约束：

$$\begin{cases} | x'_{at} - x_{it} | \leqslant \tilde{l}_i \\ | y'_{at} - y_{it} | \leqslant \tilde{d}_i \end{cases} \quad (i = 1, 2, \cdots, a-1, a+1, \cdots, N) \tag{7-11}$$

式中，$a \in [1, N]$记录目标识别率最大的无人平台标号；N 为平台总数量；$\tilde{l}_i$、$\tilde{d}_i$ 均为弹性模糊约束项，$\tilde{l}_i \in [l_i, l_i + p_i]$，$\tilde{d}_i \in [d_i, d_i + q_i]$；$p_i$、$q_i$ 为容差。将优化求解的约束条件模糊化，使协同优化跟踪具有一定的容错能力。

策略 7.3　若所有平台的目标识别率 TRR_i 均满足 $\theta_1 \leqslant \mathrm{TRR}_i \leqslant \theta_2$，则认定目标可能发生了局部遮挡或相似物体干扰。与策略 7.2 相同，根据识别率最大($\mathrm{TRR}_a \leqslant \theta_2$)的平台位置$(x'_{at}, y'_{at})$对其他平台位置$(x'_{it}, y'_{it})$进行微调，调整后的各平台位置应满足式(7-11)约束。

策略 7.4　若无人平台的目标识别率 TRR_i 值至少存在一个大于 θ_2，则认定目标可能发生方向的转变而导致无人平台的视角变化，因此无人平台位置(x'_{it}, y'_{it})同样需要调整。

然而在跟踪测试过程中发现，在弹性约束条件下调整位置的效果并不明显，且目标运动方向改变时无人平台编队的整体识别率均不高。因此，在该策略中改用严格的约束条件，以识别率最高的平台为中心，对其他平台的位置进行重新初始化。调整后的无人平台的位置应满足以下约束：

$$\begin{cases} |x'_{at}-x_{it}|\leqslant l_i \\ |y'_{at}-y_{it}|\leqslant d_i \end{cases} \quad (i=1,2,\cdots,a-1,a+1,\cdots,N) \tag{7-12}$$

式中，$a\in[1,N]$；l_i、d_i 均为严格约束项。

7.3.4 弹性约束求解

当目标处于背景杂波环境时，使用式(7-1)和式(7-2)调整无人编队的行进方式，修正其搜索范围以确保整体跟踪的灵活性。若目标被遮挡、相似物体干扰或其运动方向发生改变时，协同模型可以表示为：

$$\begin{cases} \min f(x_t)=\sum_{i=1}^{N}(x_{i,t}-x'_{i,t})^2 \\ \text{s.t.}\begin{cases} I\times(|x_{a,t}-x_{i,t}|-\tilde{l}_i)\leqslant 0 \\ (1-I)\times(|x_{a,t}-x_{i,t}|-l_i)\leqslant 0 \\ |x_{i,t}-x_{k,t}|\geqslant e_w \end{cases} \end{cases} \tag{7-13}$$

$$\begin{cases} \min f(y_t)=\sum_{i=1}^{N}(y_{i,t}-y'_{i,t})^2 \\ \text{s.t.}\begin{cases} I\times(|y_{a,t}-y_{i,t}|-\tilde{d}_i)\leqslant 0 \\ (1-I)\times(|y_{a,t}-y_{i,t}|-d_i)\leqslant 0 \\ |y_{i,t}-y_{k,t}|\geqslant r_w \end{cases} \end{cases} \tag{7-14}$$

式中，I 为二进制变量，若目标被遮挡或出现相似物体干扰，$I=1$；若目标的运动方向发生改变时，$I=0$。当 $I=0$ 时，协同模型等价为二次规划模型，利用 Kuhn-Tucker 条件将二次规划转化为线性规划。当 $I=1$ 时，协同模型为伴有弹性约束的二次规划模型。下面对基于自变量 x 的二次模型进行推导计算，而基于自变量 y 的求解具有相似过程。将 Kuhn-Tucker 条件应用于式(7-13)，转化为线性规划问题。

$$
\begin{cases}
\min\ \varphi(Z) = \sum_{i=1}^{N} z_i \\
\sum_{j=1}^{N} a_{ij} v_{N+j} + \sum_{w=1}^{M} a_{iw} v_{N+w} + 2v_i - 2\sum_{k=1}^{N} c_{ik} x_k + 2\operatorname{sgn}(c_i) z_i = 2c_i \quad (i = 1,2,\cdots,N) \\
\sum_{j=1}^{N} a_{ij} x_j - x_{N+i} + \tilde{l}_i = 0 \quad (i = 1,2,\cdots,N) \\
\sum_{i=1}^{N} b_{wi} x_i - x_{N+w} - e_w = 0 \quad (w = 1,2,\cdots,M) \\
x_j v_j = 0 \quad (j = 1,2,\cdots,N+M)
\end{cases}
\tag{7-15}
$$

式中，z_j 与 v_j 为辅助向量，x_{N+i} 与 x_{N+w} 为松弛变量。

由于 $\tilde{l}_i$ 是模糊数，所以式(7-15)不能直接求解。因此，提取模糊项 $\tilde{l}_i$ 建立如下模糊线性模型：

$$
\begin{cases}
\min\ f(X) = \sum_{j=1}^{N} e_j x_j \\
\text{s.t.}\ \left\{ \sum_{j=1}^{N} a_{ij} x_j - x_{N+i} + \tilde{l}_i = 0 \quad (i = 1,2,\cdots,N) \right.
\end{cases}
\tag{7-16}
$$

式中，x_{N+i} 为松弛变量，$x_{N+i}=0(i=1,2,\cdots,N)$。根据 Verdegay 理论[85]，式(7-16)可改写为：

$$
\begin{cases}
\min\ f(X) = EX \\
\text{s.t.}\ \{X \in (\mu_i(X))_\alpha (A_i X = l_i + (1-\alpha) p_i \quad (i = 1,2,\cdots,N)
\end{cases}
\tag{7-17}
$$

式中，$(\mu_i(X))_\alpha=\{X\,|\,\mu_i(X)\geqslant\alpha\}$，$X=(x_1,\cdots,x_N)^{\mathrm{T}}\in R^N$，$E=(e_1,\cdots,e_N)\in R^N$ 表示模糊系数向量；$\alpha\in[0,1]$为满意度；$A_i=(a_{i1},\cdots,a_{iN})$为约束系数。

利用模糊结构元理论[86-87]求解模糊项，将包含模糊项的式(7-15)转换为线性规划模型，具体公式如下：

$$
\begin{cases}
\min\ \varphi(Z) = \sum_{i=1}^{N} z_{i,t} \\
v_{N+i,t} - 2x_{i,t} - z_{i,t} = -2x'_{i,t} \quad (i = 1,2,\cdots,N) \\
x_{i,t} + l_{i,t} + (1-\alpha) p_i - x'_{a,t} = 0 \quad (i = 1,2,\cdots,N) \\
x_{j,t} v_{j,t} = 0 \quad (j = 1,2,\cdots,N+N)
\end{cases}
\tag{7-18}
$$

利用同样的推导过程，将包含自变量 y 的二次函数的式(7-16)转化为：

$$\begin{cases}\min \varphi(H)=\sum_{i=1}^{N} h_{i,t} \\ u_{N+i,t}-2y_{i,t}-h_{i,t}=-2y'_{i,t} \quad (i=1,2,\cdots,N) \\ y_{i,t}+d_{i,t}+(1-\alpha)q_i-y'_{a,t}=0 \quad (i=1,2,\cdots,N) \\ y_{j,t}u_{j,t}=0 \quad (j=1,2,\cdots,N+N)\end{cases} \tag{7-19}$$

式中，h_j、u_j 为辅助向量，辅助二次模型的求解。

7.3.5　算法设计

上述建模过程表明，目标识别率是多无人机协同监视的关键因素。因此，本部分首先介绍了基于定位匹配的目标识别算法 LMT 的实现流程。然后，对所提出的协同编队优化模型进行了详细的分析(见算法 7-1)。

算法 7-1　LMT( )

输入：目标模板 T；

输出：各平台的目标识别率 $\mathrm{TRR}_{i,t}$；

for $t=1$ to n do

　if $t\leqslant 10$ then

　　$\mathrm{TRR}_{i,t}\leftarrow 1$；

　elseif $t==11$ then

　　计算前 10 帧目标的平均位移；

　else

　　计算前 5 帧目标的平均位移；

　通过平均位移估算目标位置；

　利用联合 S_{joint} 对 256 个候选目标示例进行采样；

　通过设计的定位网络计算每个候选框的特征得分；

　选择最大的一个候选框作为 t 时刻的跟踪结果(目标区域)：$\mathrm{TRR}_{i,t}=\max \mathrm{score}_{\mathrm{target}}$；

　计算在 t 时刻的目标模型 T 和跟踪结果区域之间的最优相似性匹配(OSM)概率；

　if $0.3<\mathrm{OSM}()<0.6$ then

　　更新目标模板 T；

　elseif $\mathrm{OSM}()<0.3$ then

　　通过收集正/负样本更新网络模型

LMT()算法旨在为每个无人平台在目标移动时提供实时目标识别率。该算法可分为三个部分：① 定位；② 识别；③ 匹配。具体如下：在定位网络中，LMT()使用上一帧和当前帧的位置随机采样许多示例，可以确保采样示例的全面性。此外，设计了一个卷积网络计算这些样本的置信度分数，并在识别过程中选择最优分数作为目标识别率。最后，LMT()采用最优相似性匹配方法（即OSM）更新目标和网络的匹配模型（见算法 7-2）。

算法 7-2　SMART()

输入：满意度 α，阈值 θ_1 和 θ_2，各平台的当前位置 $(x'_{i,t}, y'_{i,t})$，$i=1,2,\cdots,N$，无人平台总数量 N，各平台的实时目标识别率 $TRR_{i,t}$；

输出：各平台的调整位置 $(x_{i,t}, y_{i,t})$；

for $t = 1$ to n do
　$s_1 \leftarrow 0, s_2 \leftarrow 0, s_3 \leftarrow 0$;
　for $i = 1$ to N do
　　$TRR_{i,t} \leftarrow$ LMT();
　　if $TRR_{i,t} \leqslant \theta_1$ then
　　　$s_1 \leftarrow s_1 + 1$;
　　elseif $TRR_{i,t} > \theta_1$ 且 $TRR_{i,t} \leqslant \theta_2$ then
　　　$s_2 \leftarrow s_2 + 1$;
　　else
　　　$s_3 \leftarrow s_3 + 1$;
　if $s_1 == N$ then
　　DBackgroundclutter();
　elseif $s_2 \geqslant 1$ 且 $s_3 == 0$ then
　　DOcclusion();
　elseif $s_3 \geqslant 1$ then
　　DChange();
　else
　　$x_{i,t} \leftarrow x'_{i,t}, y_{i,t} \leftarrow y'_{i,t}$

当多平台协同监测跟踪目标时，由于无人平台相对于目标的观测角度不同，所以每个平台均通过 LMT()获得目标的识别率 $TRR_{i,t}$。在编队行进过程中，背景杂波、遮挡和角度变化等许多不确定因素会影响无人平台的跟踪结果。因此，SMART()算法设置了两个阈值来判断当前的监视状态。当 $s_1 = N$ 时，使用 DBackgroundclutter()解决目标具有复杂背景的问题，选择 $TRR_{i,t}$ 值最大的无人平台作为中心，并使用式(7-6)和式(7-7)调整无人编队行进路线。如果 $s_2 \geqslant 1$ 且 $s_3 = 0$，则表示目标被部分遮挡，那么利用包含弹性约束和安全距离的 DOcclusion()来处理这个问题。如果 $s_3 \geqslant 1$，则认为目标的运动方向在移动过程中发生了变化，本章利用 DChange()解决这个问题，无人编队在这种状态下受遮挡影响较小，因此增加了严格的约束和安全距离（见算法 7-3～算法 7-5）。

算法 7-3　DBackgroundclutter()

$j \leftarrow 0$，$\mathrm{TR} \leftarrow 0$；
for $i = 1$ to N do
　利用式(7-6)计算无人平台 i 的偏移矢量；
　if $\mathrm{TR} < \mathrm{TRR}_{i,t}$ then
　　$\mathrm{TR} = \mathrm{TRR}_{i,t}$；
　　$j = i$；
以 UP_j 为中心，调整 UP_i 的观测方向；
for $i = 1$ to N do
　通过式(7-7)计算所有无人平台的运动位移；
　通过式(7-12)验证平台编队的安全约束；
　调整各平台的位移：$x_{i,t} \leftarrow x'_{i,t} + \Delta \bar{x}_{i,t}$，$y_{i,t} \leftarrow y'_{i,t} + \Delta \bar{y}_{i,t}$

算法 7-4　DOcclusion()

$I \leftarrow 1$；
for $i = 1$ to N do
　加入弹性约束条件 $\tilde{l}_i$、$\tilde{d}_i$；
　加入最小安全距离约束 e_w、r_w[$w = 1, 2, \cdots, N(N-1)/2$]；
利用式(7-13)和式(7-14)建立优化模型 $f(x_t)$、$f(y_t)$；
for $i = 1$ to N do
　利用式(7-18)和式(7-19)进行模型求解；
　通过式(7-12)验证平台编队的安全约束；
　调整各平台的位移：$x_{i,t} \leftarrow x'_{i,t} + \Delta \bar{x}_{i,t}$，$y_{i,t} \leftarrow y'_{i,t} + \Delta \bar{y}_{i,t}$

算法 7-5　DChange( )

```
I←0;
for i = 1 to N do
    加入严格约束条件 l_i、d_i;
    加入最小安全距离约束 e_w、r_w[w=1,2,…,N(N-1)/2];
利用式(7-13)和式(7-14)建立优化模型 f(x_t)、f(y_t);
for i = 1 to N do
    利用 Kuhn-Tucker 条件进行模型求解;
    通过式(7-12)验证平台编队的安全约束;
    调整各平台的位移:x_{i,t}←x'_{i,t}+Δx̄_{i,t},y_{i,t}←y'_{i,t}+Δȳ_{i,t}
```

7.4　试验结果与分析

为了验证提出的优化编队方法 SMART 的有效性,本节以无人机为例,设计了多组仿真试验评估无人机编队的协同监视性能。在此基础上,使用虚幻引擎(unreal engine,UE)构建一个基于城市环境的三维仿真场景,并在 UE4 上运行了所提出的 SMART 方法,它使用用户数据协议(user data protocol,UDP)与仿真平台进行交互,以更直观地评估协同编队的有效性。具体而言,采用目标识别算法来定位目标,并根据 UE4 上的场景信息,应用 SMART 来实时调整每架无人机的位置。无人机在 UE4 上的跟踪场景展示如图 7-3 所示。

图 7-3(a)展示了城市环境的布局设计,即场景初始化,其中包括树木、道路和建筑物,并部署了一架地面无人车作为移动目标,并将监视跟踪任务分配给三架无人机。此外,在该平台中还设计了一系列静态物体场景,为编队飞行增加了挑战。多无人机编队使用所提出的 SMART 方法实时执行监视跟踪任务。图 7-3(b)显示了每架无人机的监视结果。图 7-3(b)的左上角分别显示了每架无人机的视角。

7.4.1　参数设置

在本节的试验中,假设无人机之间的安全距离为 100 m,飞行高度为 50 m。监测周期为 1 s,即 SMAR 方法实时监测和调整无人机的飞行位置,以获得最佳编队精度。假设目标(即地面无人车)处于匀速运动中。其运动轨迹见式(7-20)。编队协同飞行控制是将目标保持在每架无人机上相机拍摄的图像的中心,SMART 的协同飞行调整取决于实时检测的识别率(即 TRR)。

(a) 城市场景设计

(b) 无人机跟踪效果

图 7-3　三架无人机在 UE4 上的跟踪场景展示

$$\begin{cases} x(t)=200+t \\ y(t)=\begin{cases} 200+50\sin(\pi t/500) & \text{if } t\leqslant 400 \\ y(400)+30\sin(\pi t/200) & \text{if } 400<t\leqslant 800 \\ y(800)+20\sin(\pi t/200) & \text{if } t>800 \end{cases} \end{cases} \tag{7-20}$$

UE4 平台首先使用 UDP 实时发送无人机拍摄的图像。然后,使用目标识别算法进行目标识别,并使用 SMART 计算出每架无人机的最小运动位移。最后,将位置信息传回 UE4 平台,以调整无人机的观测位置。由于系统环境配置、算法计算延迟、数据传输等原因,多无人机无法满足实时监控任务的要求。因此,在不同的试验条件下,无人机的数量应该受到限制。在本节试验中,需要交互的信息主要包括无人机 ID、地理位置、目标识别率等。此外,UE4 平台检测到每架无人机的调整时间约为 0.25 s。因此,$N=3$ 是合理的,可以显示协同编队的效果。

7.4.2 目标识别性能分析

确保所有无人机都处于最佳观测位置是提高编队监视跟踪精度的充分条件。最优观测位置表示为在编队整体识别率最大的前提下,每架无人机的最小调整位移。编队跟踪精度是指在编队飞行稳定、识别准确的情况下,每架无人机的跟踪轨迹误差最小。因此,本章设计了一个以运动成本和飞行可靠性为目标函数的二次优化模型,以提高无人机编队监视能力。

然而,由于缺乏一些规范化的数据,因此,本章有必要制定一些现实的标准来衡量所提出方法的有效性。针对无人机在实际场景中的跟踪问题,为了提供一个公共测试数据集验证不同跟踪方法的性能,Mueller 等[141]在 2016 年建立了公开的无人机跟踪基准库 UAV123,包括 123 个视频序列和超过 11 万个图像帧。UAV123 标准库中的部分图像如图 7-4 所示。UAV123 包含了 3 个子集 Set1、Set2、Set3,其中,Set1 包括 103 个由 DJIS1000 拍摄的视频序列,无人机飞行高度控制在 5~25 m,所有的视频序列清晰度为 720P,频率为 30fps;Set2 包括 12 个视频序列,由无人机配备车载相机拍摄完成,拍摄的图像分辨率较低且拥有很多噪声点;Set3 包括 8 个人造视频序列,由人为制定目标的运动轨迹,所有的视频序列清晰度为 720P,频率为 30fps。

图 7-4 UAV123 标准库

该基准库的建立为无人机目标跟踪的研究开辟了一个新的思路，具有十分重要的意义。文献[141]指出，基于常规视频的跟踪方法 DSST[127]、KCF[128] 在无人机标准库中显示了出色的跟踪性能。因此，为了验证本章提出的 LMT 目标识别方法的有效性，将该方法分别与标准库中性能较为优越的跟踪方法进行对比，选择文献[99]中的精确度图和成功率图作为评价指标，在评估过程中利用曲线的面积(AUC)对跟踪方法进行综合排名。

在此基础上，参考文献[99]中提出的基准，本节重新定义了以下两个指标以评估无人机编队跟踪的精度：

① 由于拍摄角度的不同，实际跟踪中多无人机的 TRR 受到背景杂波、遮挡等外部环境的影响，因此定义每架无人机的轨迹误差(trajectory error，TE)以评估协同跟踪的精度。

根据目标和各无人机的实际运动轨迹计算误差，计算公式为：

$$TE_{i,t}=abs(MT_{\text{target},t}+\text{distance}_i-MT_{UAV_i,t}) \tag{7-21}$$

式中，distance_i 表示目标与无人机之间的初始距离，在试验中计算每一时刻的评估协同跟踪的性能；$TE_{i,t}$ 表示 UAV_i 在第 t 时刻的轨迹误差。在本节试验中，计算每个时刻的 $TE_{i,t}$ 测量所提出编队优化方法的误差。

② 跟踪平台通过实时检测的 TRR 调整多个无人机的飞行位置，若 TRR 不能得到改善，则意味着在该平台下跟踪方法的性能较差。因此，定义误识别帧(misrecognition frame，MF)度量协同跟踪的鲁棒性，采用文献[99]中类似的方法，若当前帧中 TRR_i 小于 0.3，则认定该架无人机丢失了目标。

$$MF_i=\begin{cases}1, & \text{if } TRR_i \geqslant 0.3\\ 0, & \text{if } TRR_i < 0.3\end{cases} \tag{7-22}$$

(1) 目标识别算法对比

在目标识别算法的选择上，本章提出了基于定位匹配的目标识别算法 LMT。为了说明该算法的有效性和鲁棒性，将 LMT 应用于 UAV123 标准库，并将 LMT 与许多最先进的跟踪算法进行了比较，包括基于深度学习的方法和基于一般特征的方法。前 10 名跟踪器的成功率和精度图如图 7-5 所示。

本节采用一次通过评估(OPE)说明 LMT 在 OTB100 中的有效性。与基于深度学习的最先进跟踪算法相比，LMT 表现出积极的性能，其中 LMT 的精度和成功率分别为 0.872 和 0.631。它与 MDNet 相当，但比其他的算法要好。此外，与基于一般常规特征匹配的跟踪算法相比，LMT 表现出优越的跟踪性能。总之，在目标遮挡和背景杂波的情况下，LMT 是一种有效的跟踪算法。因此，将 LMT 作为 SMART 协同编队优化的输入(TRR)是合理的。

(2) 识别阈值的选择

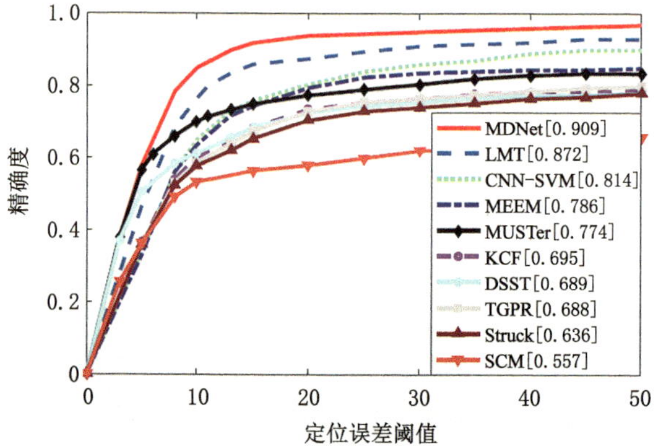

(a) 精确度

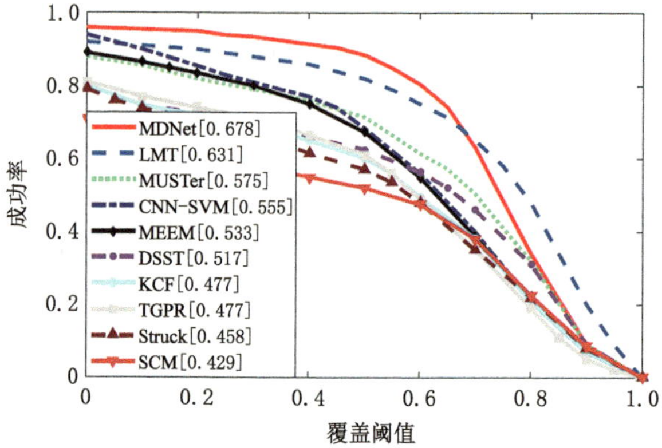

(b) 成功率

图 7-5　在目标跟踪基准库中的精度和成功对比

在所提出的二次优化模型中使用识别阈值 θ_1 和 θ_2 与实际识别率进行比较,并分析目标所在的环境。由此可见,θ_1 和 θ_2 对协同模式形成至关重要。然而,基于视觉感知的多架无人机协同监视仍处于起步阶段,目前还没有可供参考的原则和标准。因此,使用 UAV123 标准库选择 θ_1 和 θ_2。

目前,最先进的跟踪算法的成功率通常大于 0.7,当每架无人机的目标识别率超过 0.7 时,则认为可以准确捕捉目标。相似的,θ_2 的设置也参考了这个基准,当识别率小于 0.3 时,每架无人机均会出现误识别。本节设计了一组试验说明选择 θ_1 和 θ_2 的有效性。图 7-6 显示了三架无人机跟踪目标过程中 θ_1 和 θ_2 的平均误差。

θ_1 决定了在跟踪过程中是否丢失目标,因此 $\theta_1 \in [0.1, 0.5]$。θ_2 是遮挡或运动

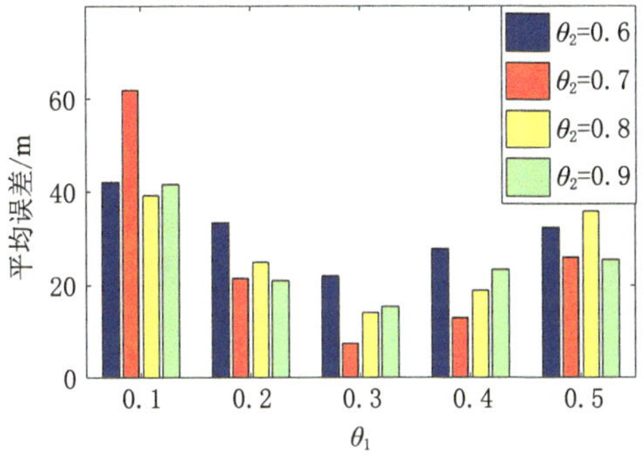

图 7-6　环绕跟踪中 θ_1 与 θ_2 的平均误差

方向变化的判断，因此 $\theta_2 \in [0.6,0.9]$。由图 7-6 可以看出，当 $\theta_1=0.3$，$\theta_2=0.7$ 时，协同跟踪性能最佳，平均误差约为 3～4 m。然而当 $\theta_1=0.1$ 时，协同跟踪性能较差，平均误差超过 40 m。目标的运动方向改变或发生遮挡导致无人机识别率不准确，若只对这些无人机进行微调，而不调整整体搜索范围，协同跟踪将会出现偏移问题。随着时间的推移，误差会不断增加，从而导致跟踪失败，因此在协同跟踪平台中设置 $\theta_1=0.3$，$\theta_2=0.7$。

(3) 无人机初始位置选择

无人机编队的初始位置对跟踪精度有着至关重要的影响，本章设计的跟踪平台致力于选择最佳初始位置，以最大限度地提高协同跟踪的精度。理论上，根据编队和观测角度的不同，无人机与目标之间存在若干初始位置关系[142-143]。

本节主要考虑无人机编队的初始位置，以降低该问题的复杂性，如图 7-7 所示。环绕跟踪如图 7-7(a)所示，即目标在中心，无人机在其周围。图 7-7(b)显示两架无人机在目标两侧，一架在目标前方。图 7-7(c)显示三架无人机都在目标的后面进行跟踪。这三种无人机的位置分别被命名为环绕跟踪、半环绕跟踪和跟随跟踪。

为了选择合适的初始位置以获得多架无人机协同跟踪的最佳效果，测试三种不同初始位置下多无人机利用相同跟踪方法的性能，对比结果如图 7-8 所示。

图 7-8(a)、(b)、(c)的左侧分别显示了目标与各架无人机的运动轨迹，从图中可以看出，当目标位于多架无人机编队中心时，无人机的运动轨迹稳定且与目标的相对位置保持一致。图 7-8(a)、(b)、(c)的右侧分别显示了在三种初始位置下无人机的轨迹误差。

在环绕跟踪中，无人机 1(UAV_1)的误差明显大于无人机 2(UAV_2)和无人机 3(UAV_3)的误差。但随着时间的推移，UAV_2 和 UAV_3 的误差始终保持在

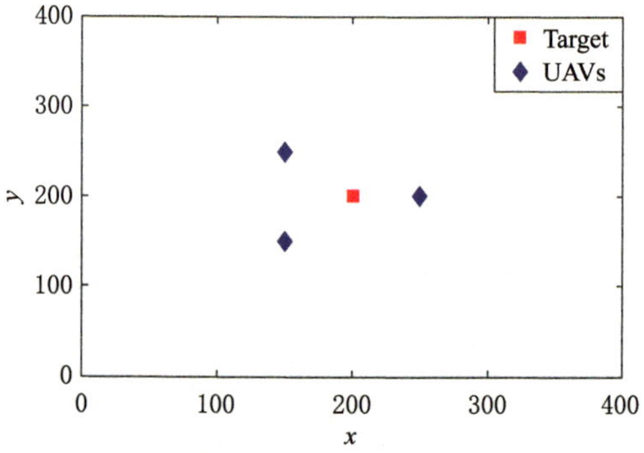

（a）环绕跟踪

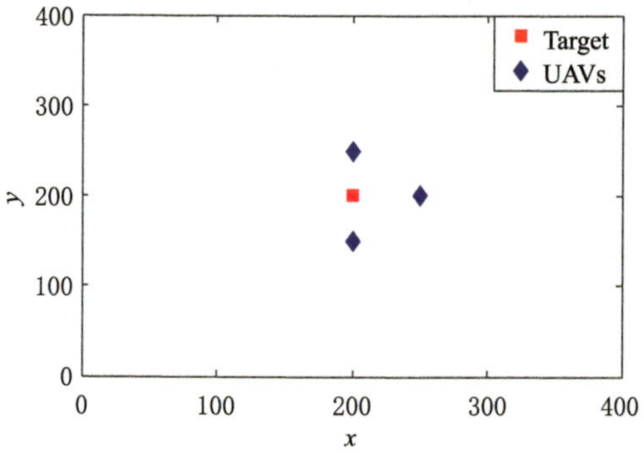

（b）半环绕跟踪

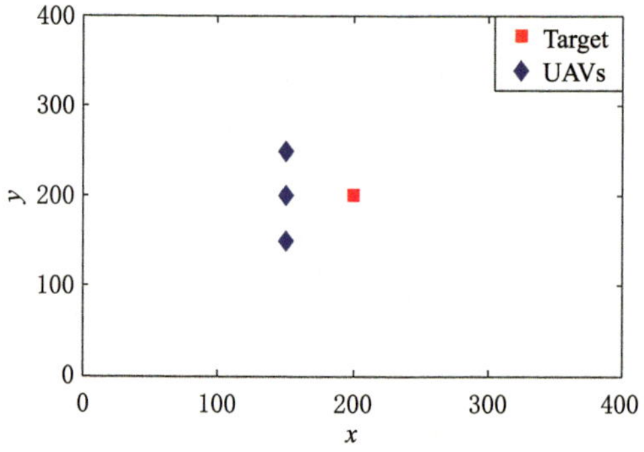

（c）跟随跟踪

图 7-7　无人机编队的初始位置

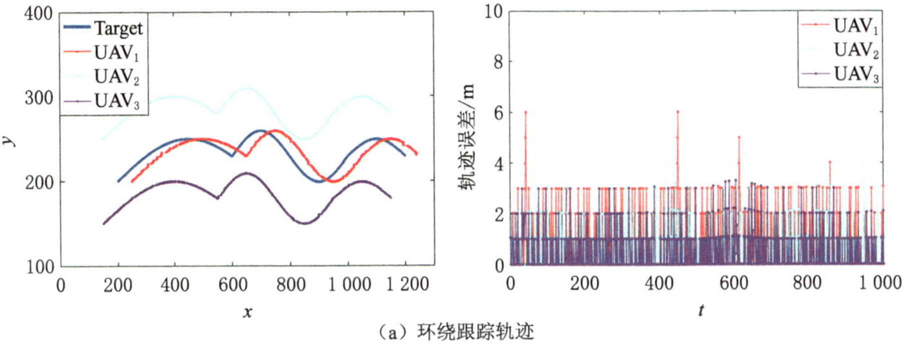

（a）环绕跟踪轨迹

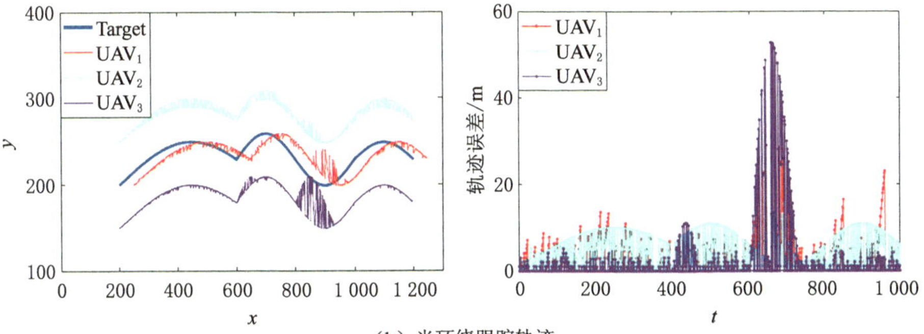

（b）半环绕跟踪轨迹

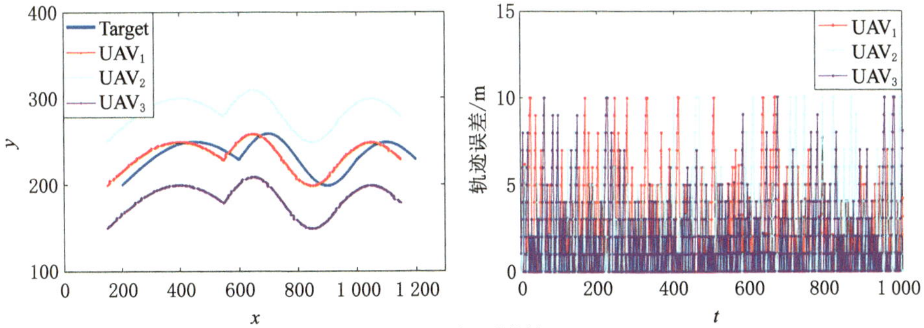

（c）跟随跟踪轨迹

图 7-8　三种初始位置条件下多无人机协同跟踪对比

较低的水平，三架无人机的平均航迹误差在 1.5 m 左右。无人机均匀分布在目标周围，无论目标的运动方向发生变化或被障碍物遮挡，以各架无人机的目标识别率为基础，采用协同策略进行位置调整能够较准确地跟踪移动目标。

在半环绕跟踪中，三架无人机的轨迹存在明显的波动。由于拍摄角度等原因导致 UAV_3 的波动幅度较大，在跟踪过程中稳定性差，三架无人机的平均轨迹误差大于 15 m。两架无人机的初始位置与目标平行，若目标的运动方向发生剧烈变化，其中一架无人机在编队中无法检测到目标。虽然协同策略调整了多无人机的搜索范围，但受初始位置的限制，它们的偏移量较大，导致这一阶段的观测误差较大。

与环绕跟踪类似，在跟随跟踪中当目标位于多无人机编队前方时，协同跟踪也保持了较高的准确度，平均轨迹误差约为 6 m，但其轨迹略有波动。由图 7-8 可以看出，三架无人机的误差明显大于环绕跟踪中的误差。

7.4.3 模块化性能分析

为了说明所提出的 SMART 方法的性能，我们对其进行模块化拆分，并验证了每个子模块的有效性，具体过程如下：① RECT。去除弹性约束项，即不区分遮挡和角度变化。② RMPS。去除模型预测策略，当多架无人机的识别率低于阈值 θ_1 时，模型采用模糊规划或二次规划处理。

三种方法在环绕监视下的飞行轨迹比较如图 7-9 所示。图 7-9 显示了各无人机飞行轨迹误差和误识别帧数。面对视角变化的问题(图 7-9 中的拐点)，三种方法通过策略 7.1 得到了较好的跟踪效果。在处理整个监测期内不同程度的遮挡时，图 7-9(a)和(b)的比较结果表明，RECT 在整个编队飞行过程中的轨迹误差较大，平均误差约为 5 m。但 SMART 使用策略 7.2 处理遮挡问题，平均误差仅为 1 m。

在本节的模拟试验中，分别将背景杂波的条件设置为 400 s、600 s 和 800 s，从图 7-9 和图 7-10 中可以看出，SMART 采用策略 7.3 适当扩展搜索区域，取得了较好的形成效果。相比之下，RMPS 在这些时刻的轨迹误差大于 4 m。由此可以看出，这些策略在处理遮挡、视角变化和背景杂波等问题时是有效的。

为了直观地描述三架无人机目标识别的准确性，表 7-1 中列出了三种方法下的目标识别帧数。SMART 的平均识别帧数为 969 帧，而使用 RECT 方法时仅有 658 帧。由于 SMART 分别处理目标遮挡或视图变化，并在目标遮挡发生时添加弹性约束，这确保了方法具备了一定的容错性和整体鲁棒性。与 RMPS 相比，尽管在识别帧和飞行误差方面存在一些差异，但它也可以清楚地反映添加预测机制的有效性。

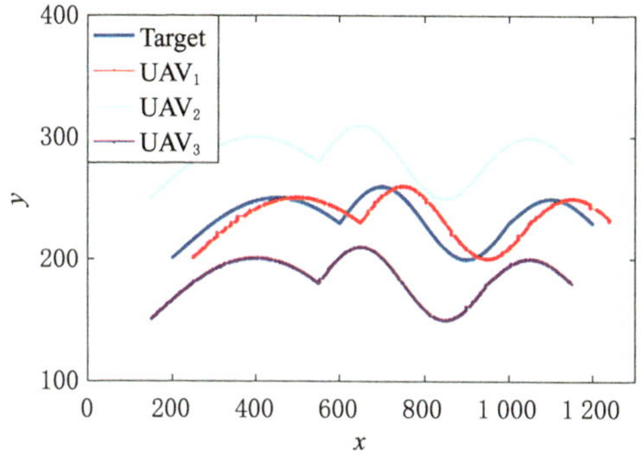

（a）SMART

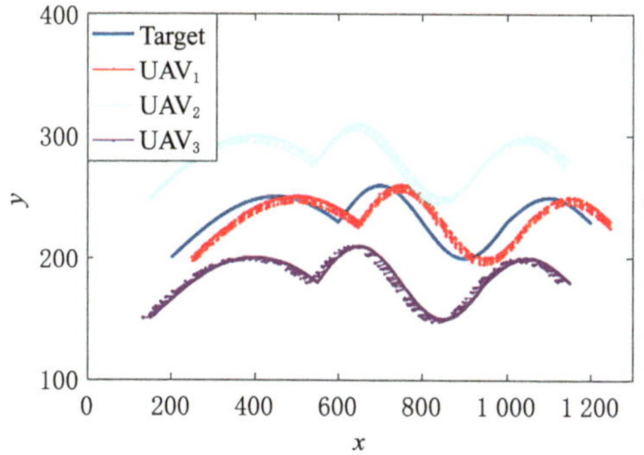

（b）RECT

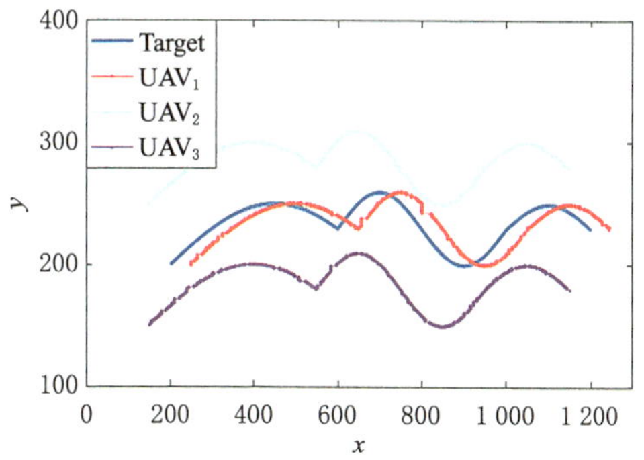

（c）RMPS

图 7-9　三种方法在环绕跟踪下的飞行轨迹

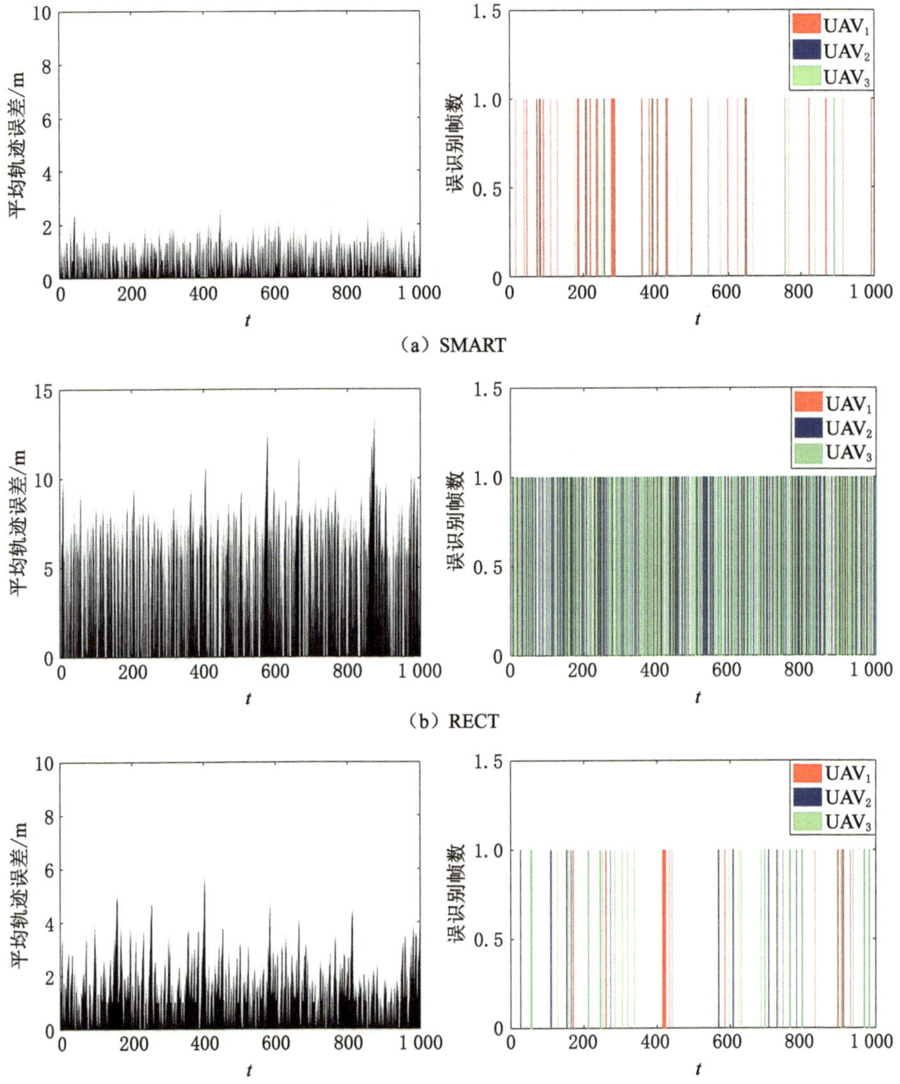

(a) SMART

(b) RECT

(c) RMPS

图 7-10　三种模型的跟踪性能比较

表 7-1　使用三种方法的目标识别帧数

UAVs	SMART	RECT	RMPS
UAV_1	973	615	917
UAV_2	978	692	672
UAV_3	956	667	976
平均	969	658	955

7.4.4　与现有流行方法对比

为了进一步测试所提出的 SMART 的有效性，进行了一组试验，将其性能与跟踪协同路径规划(cooperative path planning for tracking，CPPT)进行了比较。CPPT 是由 Yu 等[21]提出的多无人机目标跟踪方法，该方法的核心是估计下一时刻目标的运动位置。根据检测到的识别率 $TRR_{i,t}$，能够在 t 时刻获得目标位置($x_{target,t}$，$y_{target,t}$)。然后使用二阶 Markov 计算目标位置($x_{target,t+1}$，$y_{target,t+1}$)在时间 $t+1$ 的概率。基于此，本节调整了每架无人机的观测位置(飞行轨迹)，以确保目标始终在无人机视野内。在这种方法中，每架无人机均可以访问来自其邻居的信息，但这一过程缺乏相关协同策略的设计。

与 CPPT 相比，提出的 SMART 方法中的每架无人机的飞行性能与同一位置的 CPPT 进行了比较，结果如图 7-11 所示。

图 7-11(a)中的左侧红线是使用 SMART 的 UAV_1 飞行轨迹误差，蓝色是 CPPT。在图 7-11(a)右侧，红线表示在 t 时刻 SMART 的 UAV_1 的误识别帧，蓝线表示用 CPPT 监测时的误识别框(1 表示当前帧中的误识别，0 表示正确识别)。从图 7-11(a)中可以清楚地观察到，SMART 随着时间的推移能够使所有无人机保持稳定的飞行状态。显然，在 $t=400$ 左右，由于目标的方向急剧变化，CPPT 受到监视角度的限制，导致飞行轨迹的显著偏差。而 SMART 在这种情况下使用策略 7.1 和策略 7.3 调整多架无人机的观测位置，以确保目标始终在无人机的监控范围内。

图 7-11(b)显示了 UAV_2 在这两种方法中的飞行轨迹误差和误识别帧。图 7-11(b)中 CPPT 的飞行轨迹误差较大，但 SMART 的误差仍处于稳定水平。CPPT 的轨迹误差在 200 s 左右后呈上升趋势。除了监视角度的变化外，最重要的因素是目标被部分遮挡。但是 SMART 使用策略 7.2 能够较好地解决此问题。由图 7-11(c)同样可以看出，SMART 中的 UAV_3 的误差远低于 CPPT。通过比较单架无人机在不同位置的误识别帧数，而 CPPT 在目标前方飞行时具有更高的精度，但仅保持 421 帧。此外，SMART 表现出较好的编队性能。

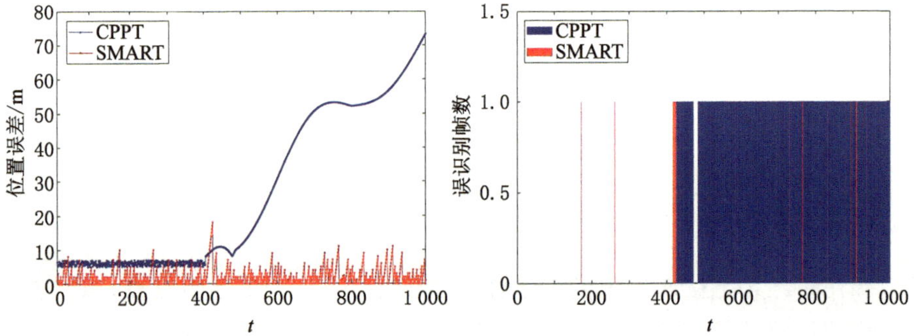

(a) UAV_1

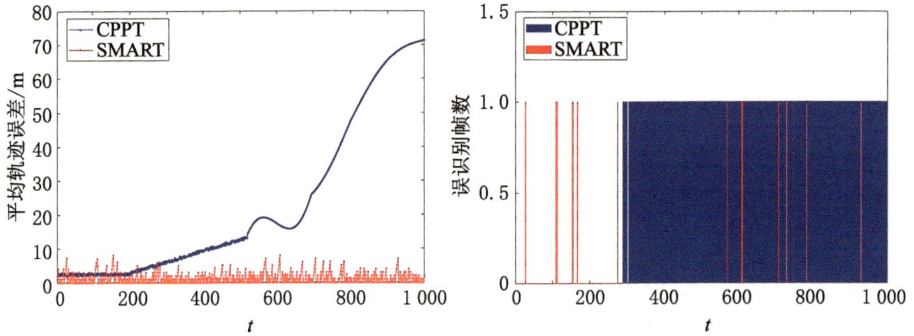

(b) UAV_2

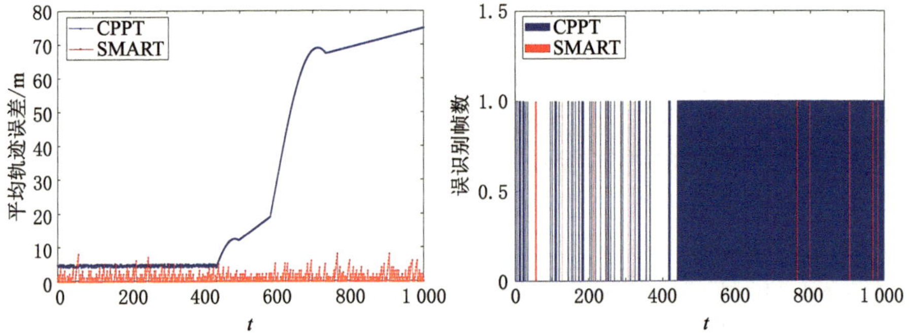

(c) UAV_3

图 7-11　SMART 与 CPPT 方法的比较结果

为了直观地说明这种情况，表 7-2 对两种方法进行了更详细的描述。在表 7-2 中 CPPT 的平均轨迹误差为 26.56 m，平均误识别帧数为 629 帧。SMART 的平均误差为 8.98 m，误识别帧数为 29 帧，证明了该方法的有效性。一旦目标旋转或被遮挡，CPPT 在飞行过程中无法准确监测，因为它没有协同策略的支持。但 SMART 使用设计的三种策略来调整无人机的位置，以确保飞行轨迹的准确性和下一帧的识别率。

表 7-2　SMART 与 CPPT 的跟踪比较

	方法	UAV_1	UAV_2	UAV_3	平均
轨迹误差/m	SMART	8.07	9.21	9.66	8.98
	CPPT	26.56	22.54	30.85	26.65
误识别帧	SMART	27	22	39	29
	CPPT	574	704	611	629

7.5　本章小结

为了解决复杂场景下无人机跟踪问题，本章设计了一个多无人机协同优化方法。为了确保多无人机跟踪的精度，提出了一种多无人机协同模型，利用无人机之间信息交互和协同控制的优点，获得准确的跟踪结果。针对目标遮挡、视场变化以及背景杂波等问题，本章提出了基于定位匹配的面部识别方法，并制定了不同的协同优化策略。为了保证无人机处于最佳观测位置，建立以无人机运动势能为目标函数、协同策略为约束条件的优化模型。最后，通过对该模型进行弹性约束求解，对无人机的当前位置进行动态调整，使其处于最佳观测位置。该方法将目标识别率与协同飞行相结合，不仅能解决单无人机跟踪中的误识别问题，而且能够通过对比多无人机的轨迹误差与误识别帧等指标验证提出跟踪方法的有效性。

第8章　空地协同下的动态目标定位跟踪方法

在恶劣战场环境中，目标跟踪任务通常具有高度多样性和复杂性，多种信息要素相互交织。例如，空中无人机搭载传感器受到飞行速度和高度的限制越发突出。同时，由于空中环境的不确定性，导致难以准确识别和定位地面目标。相比之下，地面无人车的运动性能相对稳定，受地形地貌和天气影响较小，适合在复杂环境中执行任务。在这种情况下，空地协同为智能无人系统的有效应用提供了新的模式。因此，本章旨在充分发挥空地无人平台的异构性和互补性，设计一种空地协同定位跟踪方法，从而提高无人系统定位跟踪的准确性。具体而言，本章提出一种新的空地协同架构，创造性地从视觉感知和多层决策的角度，实时控制调整各平台的观测位置。在此基础上，提出了一种双向反馈验证算法，以实现跨平台、高效率、高可靠的自主决策等级。

8.1　目标定位跟踪问题描述

目标的定位与跟踪，目的是通过对无人平台视觉传感器采集的视频图像进行处理分析，实现对场景中目标的检测、定位和跟踪，从而做到对目标行为的分析。运动目标的定位和运动目标的跟踪，这两方面工作是一个承接的关系，但同时也相互影响。运动目标定位是第一部分，它就是实时地在被监视的场景中精准发现运动目标，并将其提取出来。运动目标跟踪也是衔接运动目标检测和目标行为分析、理解的一个重要环节[144-147]。在实际应用中，运动目标跟踪不仅可以提供目标的运动轨迹和准确定位目标，为下一步的目标行为分析与理解提供可靠的数据来源，而且也可以为运动目标检测提供帮助，从而形成一个良性的循环。面向自主无人系统的目标的定位、跟踪技术是一个对实时性和识别精度有较高要求的高科学技术，在智能交通、物资运输、灾害救援等领域有着重要的应用，近几年相关的研究发展迅速[148-150]。

从现有研究看出，无人机具有灵活性高、视野覆盖范围广的特点，可以实现高分辨率的图像信息采集[151-153]。但无人机的有效载荷和飞行耐力较弱，受天气和信号的干扰较大。相比之下，地面无人车性能稳定，受地形和天气影响较小，但由于视场的限制，无人车在任务执行过程中一旦失去目标，就很难重新捕获目标。因此，综合考虑无人机和无人车的互补优势，空地协同已成为精确目标定位的主要模式。例如，在人群定位中，Wang 等[154]提出了一种基于视觉的目标检测和定位系统，以利用空地平台的不同能力作为一个无人编组。在这个系统中，他们提出了面向空中无人机的运动检测算法，用于对人群的检测。在此基础上，提出面向无人车的经验定位方法，用于计算被检测到人群个体的位置。在协同感知方面，Xu 等[155]提出了一种针对空地系统的地图匹配和定位方法，该方法旨在匹配由两个独立系统构建的地图。试验结果表明，无人值守地面车辆可以在无人机提供的全球地图上进行自我定位。

现有的许多研究均试图改进无人平台的传感器性能和空地地图融合等方面，以提高定位精度[156-158]。然而，在实际应用中，异构无人平台协作机制对运动目标定位起着至关重要的作用。一方面，当空地无人平台均能够有效识别目标时，如何确定运动目标的最终位置。另一方面，当单域无人平台无法准确捕获目标时，协同运动机制是直接决定空地协同定位精度和稳定性的基础。因此，为了解决这些问题并提供更鲁棒的定位性能，本章提出一种基于视觉感知的空地协同目标定位方法，以实现异构平台协同决策和自主制导运动等功能。

8.2　硬件与软件平台

在硬件与软件平台的选择方面，笔者依托所在实验室团队前期研发的空地协同智能××系统，该系统拥有 20 余架型号不同的无人机和 30 余辆性能多样的无人车平台。这些平台支持将个人设计的算法与无人平台的功能模块进行无缝连接，可支持基于 Python、C＋＋等多语言算法集成。同时，该系统已经将空地无人平台的信息通信链路打通。这些平台的详细参数描述如下。

8.2.1　UAV 平台

在本章中，选用四旋翼无人机平台 DJI Matrice 210 V2[图 8-1(a)]，该平台配备了单目视觉传感器 DJI ZENMUSE X5S、嵌入式计算机妙算 2G 和 GPS 模型。其中，妙算 2G 作为核心计算单元，为无人平台提供计算资源。GPS、视觉传感器 DJI ZENMUSE X5S 和飞行控制器与之相连。此外，视觉传感器 DJI ZENMUSE X5S 用于收集试验图像，其尺寸为 1 280×720。

在软件配置方面，妙算 2G 的安装操作系统为 Ubuntu 16.04。该平台还安

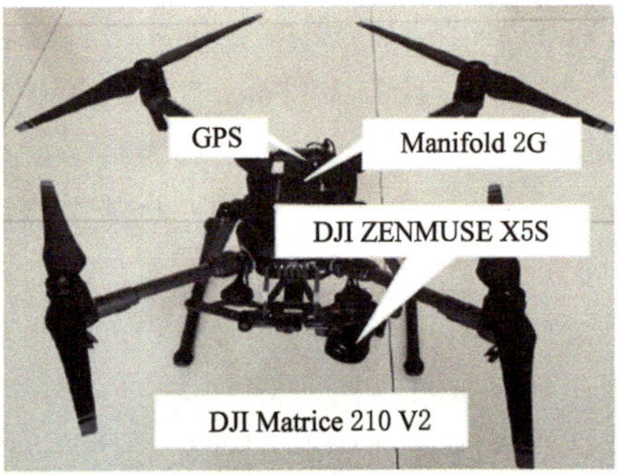

(a) UAV平台

(b) UGV平台

图 8-1 硬件与硬件平台

装了机器人操作系统(robot operating system，ROS)和用于高性能数值计算的开源软件库 Tensorflow-GPU1.9.0。具体而言，由 DJI 提供的 ROS 和 DJI SDK 用于实现平台控制编程，软件库 Tensorflow-GPU1.9.0 用于支持无人机的视觉目标检测算法。

8.2.2 UGV 平台

在地面无人平台的选择方面，选用一种与东北大学联合研发的具备打击功能的小型无人车[图 8-1(b)]。该无人车配备了 USB 摄像头、Intel 微型 i7 计算机(NUC)和 GPS 模型。在本章中，NUC 是核心单元，车载 GPS、USB 摄像头和车辆控制器都与之相连。此外，USB 摄像头采集的图像的大小为 640×480。与 UAV 平台相对应，NUC 的安装系统是 Ubuntu 16.04。机器人操作系统 ROS 和版本为 Tensorflow-GPU1.9.0 的软件库也安装在该平台上，以满足系统软件的一致性。

8.3 空地协同定位跟踪建模

本章的目标是在目标跟踪的过程中实时调整各空地无人平台的运动路径，以确保运动目标定位的准确性。在实际的应用中，由于观测角度和视野的限制，单个平台的定位性能较差，特别是当室外环境中存在相似物体的干扰时，单个平台容易出现误识别现象，导致目标丢失。为了解决这个问题，笔者提出一种空地协同定位体系结构，以确保室外环境下的定位精度。体系结构如图 8-2 所示。

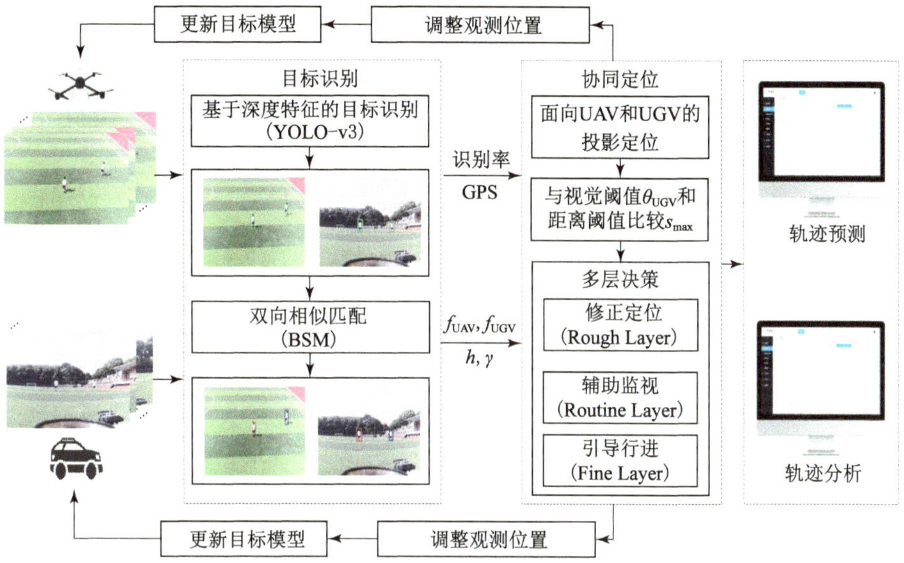

图 8-2　空地协同目标定位系统的体系结构

协同目标定位：对于每个无人平台，引入 Yolo-v3 和 BSM 方法作为目标识别的两个重要部分，以避免相似物体的干扰。当视觉探测器发现目标后，采用基于投影成像的定位方法预测目标的实时位置。一方面，图像失真和机身抖动等问题使得无人机定位误差较大。另一方面，由于无人车的视野有限，很容易造成目标丢失问题。因此，本节设计了多层决策机制，保证空地协同定位的准确性。协同定位的主要过程如下：

① 目标识别。为了提高每个无人平台的识别精度，本节利用第 4 章提出的混合特征融合方法，将目标识别过程分为两个子过程——目标检测和目标匹配，采用深度特征、RGB 特征和纹理特征等多特征融合的方式进行准确目标识别。

② 多层决策。根据无人车当前的目标识别率和估计的目标运动特性，设计了包括修正定位、辅助监视和引导行进在内的多层决策机制，估计目标当前时刻的位置。

③ 观测调整。基于所采用的决策机制，调整各平台的目标观测位置，并实时更新目标模型，以确保无人机和无人车在后续监视过程中的定位精度。

8.3.1　目标识别

目标识别是目标准确定位的重要前提，决定着多智能体协同定位的有效性。

近年来，出现了许多优秀的目标识别与跟踪算法。在实际的使用中，笔者发现许多算法会受目标遮挡、背景杂波等因素的影响。特别是当目标周围出现相似物体干扰时，这些算法易发生错误识别，进而影响目标定位的精度。为了解决上述问题，本节利用第 4 章提出的混合特征融合方法，将目标识别过程分为目标检测和目标匹配两个子过程。在目标检测中，将所有与感兴趣目标同属一类的物体标记出来，避免目标漏检问题。然后，将标记的候选目标框与特定的目标模板进行匹配，从而找出感兴趣目标。

为了得到更准确的检测结果，本章选择当前主流的 Yolo-v3 进行目标检测。Yolo 是一个 one-stage 目标检测算法[159]。该算法的核心概念是均匀地采用多尺度对图像进行密集采样，然后利用 CNN 提取特征后进行分类和回归。该方法的优点是检测速度快，但由于正样本与负样本的不均衡易导致模型准确度较低。近几年，该算法也在不断地优化。YOLO-v3 采用了更复杂的 Darknet-53[160]。该算法由全卷积网络组成，使用残差的跳层连接，并用 conv 的 stride 实现降采样，从而保证算法的时效性。同时，该算法还设计了上采样和尺度融合的策略，提高了算法的目标检测精度。然而，在长期的目标监视过程中，仅具备目标检测机制是不够的，还需要不断地利用给定的目标模板进行再识别，从而避免目标的错误识别。

在目标匹配方面，引入双向相似匹配算法（BSM），计算候选框与目标模型之间的相似性，从而确定被监视目标。目标识别的整体流程如图 8-3 所示。在图 8-3 中，初始无人机图像经过 YOLO-v3 处理后，得到两个候选目标框（绿色矩形框标记）。将候选框与目标模型进行双向相似匹配得到候选目标框的 BSM 值，选择最大匹配度的候选框作为最终的感兴趣目标 Q^*（红色为候选目标框，蓝色为次优结果）。

8.3.2 目标定位

在确定目标在图像中的位置后，需要根据各平台的位置信息实时计算出目标的实际位置。然而由于无人机和无人车的视野不同，导致它们的定位原理也不同，因此在本节中分别从无人机和无人车两方面进行定位说明。

（1）无人机定位

本小节设计一种基于投影成像方法进行无人机定位，即利用图像中目标框信息计算目标的实时位置。图 8-4 展示了无人机投影成像目标定位的原理。令目标在无人机的前方（无人机的机身相对于正北方向的偏航角 θ 已知），忽略图像畸变、无人机抖动等因素。

假设无人机拍摄的图像的分辨率为 $n_l \times n_w$，对应的底片尺寸为 $g_l \times g_w$，O

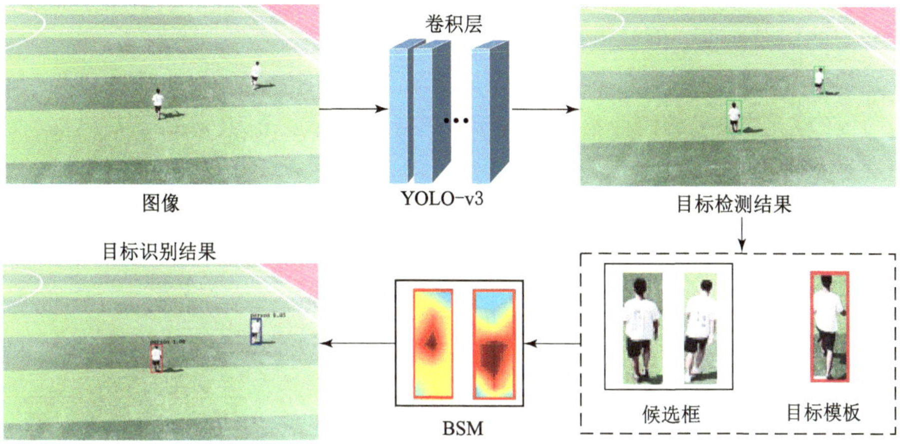

图 8-3　目标识别过程图

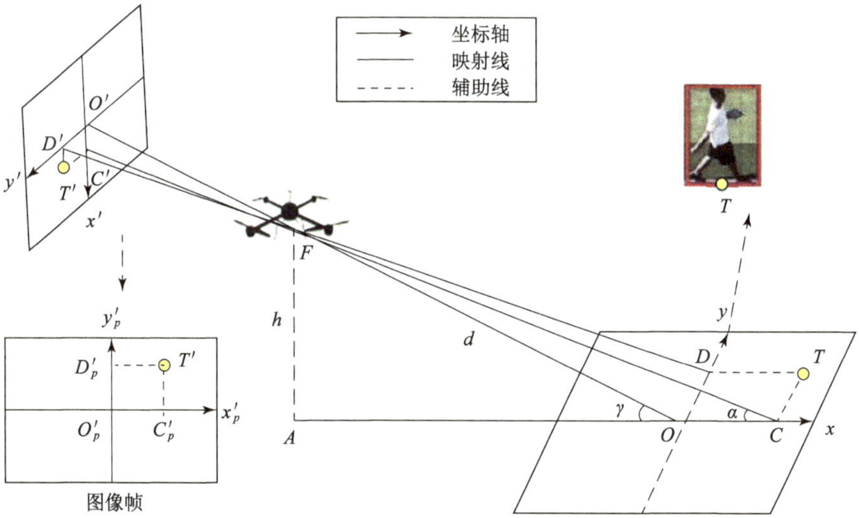

图 8-4　无人机定位原理

点为无人机图像中心点 O' 对应的地面点位，坐标系 xOy 是平面直角坐标系，记录目标点 T（在本节，以候选目标框的底边中点为目标点）在平面中的运动位置，辅助向量 OC、OD 为目标点 T 在 x、y 轴上的分量，坐标系 $x'O'y'$ 是底片坐标系。目标通过机载摄像机焦点 F 投射到相机底片上，其中，点 T' 为点 T 的投影点，$O'C'$、$O'D'$分别为向量OC、OD的投影向量。同样的，在成像图像上建立与平面坐标系相应的图像坐标系$x'_pO'_py'_p$。

假设摄像机的焦距为f_{UAV}，无人机到原点O的距离为d_{UAV}，无人机相对地面高度为h，摄像机的俯仰角度即向量OF与x轴的夹角为θ。由于h、θ均为已知变量，则d_{UAV}为：

$$d_{\text{UAV}}=h/\sin\theta \tag{8-1}$$

由图像的投影关系，可知$\triangle ODF\sim\triangle O'D'F$，则：

$$\frac{f_{\text{UAV}}}{d_{\text{UAV}}}=\frac{O'D'}{OD}=\frac{O'_pD'_p}{OD}\times\frac{g_w}{n_w} \tag{8-2}$$

设$\angle O'FC'=\angle OFC=\alpha$，由于$\triangle FOC\sim\triangle FO'C'$，则$\alpha$可以表示为：

$$\alpha=\arctan\left(\frac{f_{\text{UAV}}}{O'C'}\right)=\arctan\left(\frac{f_{\text{UAV}}}{O'_pC'_p}\times\frac{n_l}{g_l}\right) \tag{8-3}$$

在$\triangle OFC$中，根据正弦定理可以得到：

$$\frac{d_{\text{UAV}}}{\sin\alpha}=\frac{OC}{\sin(\theta-\alpha)} \tag{8-4}$$

目标在坐标系xOy上的坐标能够通过式(8-1)、式(8-2)、式(8-3)和式(8-4)求得，具体为：

$$OD=O'D'\times d_{\text{UAV}}/f_{\text{UAV}} \tag{8-5}$$

$$OC=d_{\text{UAV}}\times\sin(\theta-\alpha)/\sin\alpha \tag{8-6}$$

式中，$O'C'$和$O'D'$在图像中的单位为像素，为了能够准确计算出目标的位置，将$O'C'$和$O'D'$的单位转换为米，其具体表达式为：

$$OD=O'D'\times d_{\text{UAV}}\times w/(f_{\text{UAV}}\times w') \tag{8-7}$$

$$OC=d_{\text{UAV}}\times\sin(\theta-\alpha)\times l/(\sin\alpha\times l') \tag{8-8}$$

(2) 无人车定位

与无人机定位相同，本小节同样采用基于投影成像的定位方法，但不同的是无人车与目标处于同一平面，且摄像头的检测范围小。图8-5展示了无人车目标定位的原理。假设无人车拍摄的图像分辨率为$p'\times q'$，对应的底片尺寸为$p'_l\times q'_w$，对应的地面检测范围为$p\times q$，O点为无人车图像中心点O''对应的空间点位，坐标系xOy是空间平面直角坐标系，记录目标点T的运动位置，辅助向量OE、OF为目标点T在x、y轴上的分量。目标通过焦点G投射到摄像头底片上。同样的，在图像中建立与空间平面坐标系相应的图像坐标系$x''_pO''_py''_p$。

假设无人车摄像头的焦距为f_{UGV}，焦点G到O的直线距离为d_{UGV}，其计算公式为：

$$d_{\text{UGV}}=h_Tf_{\text{UGV}}/h''_T \tag{8-9}$$

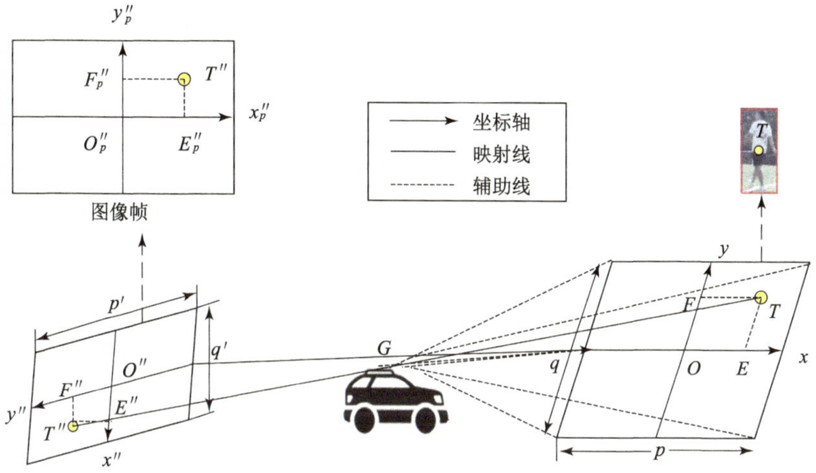

图 8-5　无人车定位原理

式中，h_T 为目标的实际高度；h''_T 为目标在图像中的 bounding-box 的高度。h''_T 的单位为像素，为了能够准确计算出目标的位置，将 h_T'' 的单位转换为米，即：

$$d_{\mathrm{UGV}} = h_T f_{\mathrm{UGV}} q' / (h''_T \times q) \tag{8-10}$$

由于无人车图像中 $O''E''$、$O''F''$ 为已知变量，根据三角形相似原理（$\triangle FOG \sim \triangle F''O''G$，$\triangle EOG \sim \triangle E''O''G$），可以得到：

$$OE = d_{\mathrm{UGV}} \times O''E'' \times p / (f_{\mathrm{car}} \times p') \tag{8-11}$$

$$OF = d_{\mathrm{UGV}} \times O''F'' \times q / (f_{\mathrm{UGV}} \times q') \tag{8-12}$$

由此，计算无人车与目标之间的距离表达式为：

$$GT = \sqrt{d^2_{\mathrm{UGV}} + OE^2 + OF^2} \tag{8-13}$$

8.3.3　协同定位

无人机的特点为视野范围广、易发现目标，但获取的目标特征较少。而无人车的特点为目标特征获取多，但视野范围有限。为了得到更加准确的定位结果，综合考虑两种无人平台各自的优点，将定位过程分为无人机引导无人车行进，无人车修正无人机定位两部分实施的。具体而言，第一部分：无人机提供目标的运动方位，无人车行进至目标周围。第二部分：无人车精准定位目标后，实时修正无人机的监视位置。然而，在实际定位的过程中，由于目标遮挡、尺度变化、背景杂波等因素的影响，易导致无人机和无人车的误识别而发生错误定位。当这些问题出现时，需要确定无人机或无人车为领导者，引导修正多智能体的行进路径。因此，本节提出一种双向反馈校验机制，以各平台的定位结果为基础，对行进轨迹进行校验。

由于无人车与目标处于同一平面，且得到的目标特征较多，因此本节利用无人车的识别和定位结果展开校验过程，决定当前时刻哪个平台为领导者，引导另一个平台进行定位监视。设无人车目标识别阈值为 θ_{UGV}，本节设计三种协同机制，保证空地协同目标定位的有效性。协同定位整体流程如图 8-6 所示，具体细节如下。

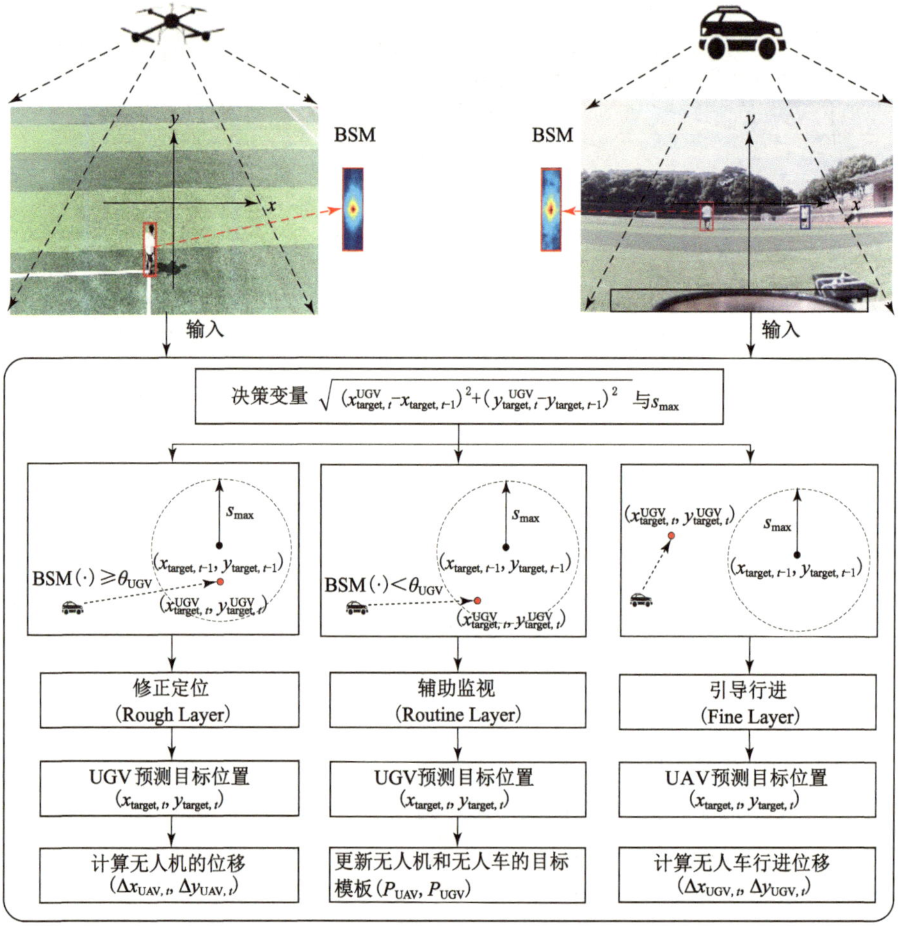

图 8-6 协同定位流程

(1) 修正定位

假设在 $t-1$ 时刻预测目标在大地坐标系中的位置为$(x_{\text{target},t-1}, y_{\text{target},t-1})$，在 t 时刻无人机预测目标的位置为$(x^{\text{UAV}}_{\text{target},t}, y^{\text{UAV}}_{\text{target},t})$，无人车预测目标的位置为$(x^{\text{UGV}}_{\text{target},t}, y^{\text{UGV}}_{\text{target},t})$，无人车的匹配相似度为 $\text{BSM}^t_{\text{UGV}}(\cdot)$，$s_{\max}$表示目标的最大位移量。若$\sqrt{(x^{\text{UGV}}_{\text{target},t}-x_{\text{target},t-1})^2+(y^{\text{UGV}}_{\text{target},t}-y_{\text{target},t-1})^2}\leqslant s_{\max}$且 $\text{BSM}^t_{\text{UGV}}(\cdot)\geqslant\theta_{\text{UGV}}$时，则认定当前时刻无人车能够准确地识别目标，修正定位机制被启动，以无人车的预测位置作为目标定位的结果$(x_{\text{target},t}, y_{\text{target},t})$，并利用该位置修正无人机的观测位置。无人机修正的位移为：

$$\begin{cases}\Delta x_{\text{UAV},t}=x_{\text{target},t}-x^{\text{UAV}}_{\text{target},t}\\ \Delta y_{\text{UAV},t}=y_{\text{target},t}-y^{\text{UAV}}_{\text{target},t}\end{cases} \tag{8-14}$$

(2) 辅助监视

若 $\text{BSM}^t_{\text{UGV}}(\cdot)<\theta_{\text{UGV}}$且 $\sqrt{(x^{\text{UGV}}_{\text{target},t}-x_{\text{target},t-1})^2+(y^{\text{UGV}}_{\text{target},t}-y_{\text{target},t-1})^2}\leqslant s_{\max}$，则认定当前时刻无人车能够定位目标，但目标的匹配相似度较低。这种现象的解释是，在监视的过程中目标可能发生了遮挡或形变等问题导致了相似度的降低。因此，本节利用式(8-15)更新无人车的目标模型。

由于无人车无法保证目标的定位精度，因此需要判断当前时刻无人机的目标识别情况。若$\sqrt{(x^{\text{UAV}}_{\text{target},t}-x_{\text{target},t-1})^2+(y^{\text{UAV}}_{\text{target},t}-y_{\text{target},t-1})^2}\leqslant s_{\max}$，无人机在当前时刻同样能够定位目标。当前时刻以无人车的预测位置作为目标定位的结果$(x_{\text{target},t}, y_{\text{target},t})$，但各平台之间不需要相互纠正观测位置。然而，若$\sqrt{(x^{\text{UAV}}_{\text{target},t}-x_{\text{target},t-1})^2+(y^{\text{UAV}}_{\text{target},t}-y_{\text{target},t-1})^2}>s_{\max}$，则表明了无人机发生了误识别。在这种情况下，不仅要按照式(8-14)修正无人机的观测位置，同时更新各平台的匹配模型 P_{UGV}和 P_{UAV}，其更新方式为：

$$P_{\text{UGV}}=(1-\text{BSM}(P_{\text{UGV}},Q^*_{\text{UGV}}))\times P_{\text{UGV}}+Q^*_{\text{UGV}}\times\text{BSM}(P_{\text{UGV}},Q^*_{\text{UGV}}) \tag{8-15}$$

$$P_{\text{UAV}}=(1-\text{BSM}(P_{\text{UAV}},Q^*_{\text{UAV}}))\times P_{\text{UAV}}+Q^*_{\text{UAV}}\times\text{BSM}(P_{\text{UAV}},Q^*_{\text{UAV}}) \tag{8-16}$$

式中，Q^*_{UGV}和 Q^*_{UAV}分别表示无人车和无人机得到的感兴趣目标像素集，$\text{BSM}(\cdot)$为像素集之间的最优匹配相似度。由此，本节利用当前的候选目标框对目标模型进行更新，从而保证目标识别的准确性。

(3) 引导行进

若$\sqrt{(x^{\text{UGV}}_{\text{target},t}-x_{\text{target},t-1})^2+(y^{\text{UGV}}_{\text{target},t}-y_{\text{target},t-1})^2}>s_{\max}$，此时无人车可能已经错误识别了目标。在这种情况下，认定无人机的监视是准确的，这是由于在空地协同定位中无人机扮演着十分重要的角色，若此时无人机也丢失了目标，由于无人车无法保证准确定位目标，则两个平台均继续搜寻。考虑到无人机的视野更广、重新识别目标的概率更高，因此，当前时刻将无人机设置为领导者，以无人机的预测位置作为目标定位的结果($x_{\text{target},t}$，$y_{\text{target},t}$)，并引导无人车行进在当前时刻。无人车的行进位移为：

$$\begin{cases}\Delta x_{\text{UGV},t}=x_{\text{target},t}-x_{\text{UGV},t}\\ \Delta y_{\text{UGV},t}=y_{\text{target},t}-y_{\text{UGV},t}\end{cases} \tag{8-17}$$

式中，($x_{\text{UGV},t}$，$y_{\text{UGV},t}$)表示第 t 时刻无人车的位置坐标；($\Delta x_{\text{UGV},t}$，$\Delta y_{\text{UGV},t}$)表示无人车与目标之间的距离，即行进位移。当监视任务开始时同样需要无人机引导无人车靠近目标，直至无人车识别、定位目标。

8.3.4 算法设计

目标检测与匹配、无人平台(无人机、无人车)的投影定位是空地协同定位的基础，同时本章设计基于视觉感知的双向反馈校验算法进行空地协同定位。因此，本节主要介绍目标识别、无人平台的目标定位以及双向反馈校验算法的实现过程。

Brave()作为主函数，用于执行多无人平台的协同定位。该算法的输入主要为 GPS、无人设备获取的图像信息和用于协同决策的识别阈值 θ_{UGV}。首先，对于每一采样时间，分别利用目标识别算法 TargetRecognition()计算目标框 Q_{UAV}^{*}和 Q_{UGV}^{*}。若两个设备均未识别到目标($Q_{\text{UAV}}^{*}=0$ 和 $Q_{\text{UGV}}^{*}=0$)，则视为当前采样时间无效。Brave()不仅需要比较无人车的匹配相似度值 BSM(·)与阈值 θ_{UGV}，同时还比较$\sqrt{(x_{\text{target},t}^{\text{UGV}}-x_{\text{target},t-1})^2+(y_{\text{target},t}^{\text{UGV}}-y_{\text{target},t-1})^2}$ 和 $s_{\max}$的大小，从而选择不同的机制保证空地协同定位的有效性。

① 若 $\text{BSM}_{\text{UGV}}^{t}(\cdot)\geqslant\theta_{\text{UGV}}$ 且 $\sqrt{(x_{\text{target},t}^{\text{UGV}}-x_{\text{target},t-1})^2+(y_{\text{target},t}^{\text{UGV}}-y_{\text{target},t-1})^2}\leqslant s_{\max}$，则修正定位机制被启用，目标的 GPS 位置可由 UGVLocalization()无人车定位计算获得。

② 若$\sqrt{(x_{\text{target},t}^{\text{UGV}}-x_{\text{target},t-1})^2+(y_{\text{target},t}^{\text{UGV}}-y_{\text{target},t-1})^2}\leqslant s_{\max}$且 $\text{BSM}_{\text{UGV}}^{t}(\cdot)<\theta_{\text{UGV}}$，则表明目标虽在无人车监视范围内，但匹配度较低。出现这种现象的原因可能是目标发生了形变或遮挡等因素的影响。在当前时刻，辅助监视机制被用于协同定位，使用无人车的定位算法 UGVLocalization()预测目标位置。为了保证长期的定位精度，被匹配的目标模型需要被更新，因此利用式(8-15)更新无人车的匹配模型 P_{UGV}(见算法 8-1 和算法 8-2)。

算法 8-1　Brave 算法

输入：无人机、无人车的 GPS 和所获取的目标图像，目标的最大位移 $s_{\max}$，无人车的目标识别阈值 θ_{UGV}，无人机的飞行高度 h 和航向角 γ；

输出：运动目标的 GPS 位置 $\mathrm{GPS_{target}}$；

for $t = 1$ to N do
　根据 TargetRecognition()分别计算无人机和无人车的目标框 Q^*_{UAV}、Q^*_{UGV}；
　if $Q^*_{\mathrm{UAV}} == 0$ && $Q^*_{\mathrm{UGV}} == 0$ then
　　$\mathrm{GPS_{target}} \leftarrow 0$；
　　Continue；
　利用式(8-13)计算无人车与目标之间的距离 d_{UGV}，并对比与 $s_{\max}$之间的大小；
　计算无人车的目标识别率 $\mathrm{BSM}^t_{\mathrm{UGV}}$，并对比与 θ_{UGV}之间的大小；
　if $\mathrm{BSM}^t_{\mathrm{UGV}}(\cdot) \geqslant \theta_{\mathrm{UGV}}$ && $d_{\mathrm{UGV}} \leqslant s_{\max}$ then
　　利用 UGVLocalization()计算目标的 GPS 位置 $\mathrm{GPS_{target}}$；
　　利用式(8-14)调整无人机的观测位置；
　elseif $\mathrm{BSM}^t_{\mathrm{UGV}}(\cdot) < \theta_{\mathrm{UGV}}$ && $d_{\mathrm{UGV}} \leqslant s_{\max}$ then
　　利用 UGVLocalization()计算目标的 GPS 位置 $\mathrm{GPS_{target}}$；
　　利用式(8-15)更新无人车的目标模板 P_{UGV}；
　　利用式(8-7)和式(8-8)计算无人机与目标之间的距离 d_{UGV}，并对比与 $s_{\max}$之间的大小；
　　if $d_{\mathrm{UAV}} > s_{\max}$ then
　　　利用式(8-14)调整无人机的观测位置；
　　　利用式(8-15)更新无人车的目标模板 P_{UAV}；
　else
　　利用 UAVLocalization()计算目标的 GPS 位置 $\mathrm{GPS_{target}}$；
　　利用式(8-7)调整无人车的观测位置；
$t \leftarrow t+1$

算法 8-2　TargetRecognition( )

将采集的图像大小调整为 $416 \times 416 \times 3$；
通过 Darknet 获得三种不同尺度的预测结果；
通过 K-means 算法设置这些预测结果的先验框；
利用 Logistic 函数计算这些先验框的目标得分，以获得目标的目标候选框；
$J \leftarrow$ num(目标候选框)；
$N_{\mathrm{BSM}} \leftarrow 0$；
for $j = 1$ to J do
　for $k = 1$ to n do
　　计算模板 P 与 Q_j 之间的最佳匹配对 BMP($\cdot$)的数量；
　利用式(5-1)计算模板 P 与 Q_j 之间的相似度 BSM($\cdot$)；
　$N_{\mathrm{BSM}}(j) \leftarrow \mathrm{BSM}(P, Q_j)$；
将得到的 N_{BSM} 按降序排列；
计算最终的目标框 Q^* $[Q^* = \max \mathrm{BSM}(P, Q_j), j = 1, 2, \cdots, J]$

对于无人机的观测位置，仍需进一步判断当前时刻的定位情况，若 $\sqrt{(x_{\text{target},t}^{\text{UAV}}-x_{\text{target},t-1})^2+(y_{\text{target},t}^{\text{UAV}}-y_{\text{target},t-1})^2}>s_{\max}$，利用式(8-17)修正无人机的观测位置，并利用式(8-16)更新目标模型 P_{UAV}；反之，无人机继续保持当前的飞行状态继续监视。

③ 除此上述情况，无人机成为主角，引导无人车行进。目标的 GPS 位置可由无人机定位 UAVLocalization()计算得到。UGV 的观测位置需要根据式(8-17)进行实时调整(见算法 8-3 和算法 8-4)。

算法 8-3 UAVLocalization()

1：利用式(8-1)参照无人机的飞行高度 h 和航向角 γ 计算无人机与目标之间的距离 d_{UAV}；
2：利用式(8-3)计算无人机视角中与 x 轴的夹角 α；
3：根据目标框 Q^* 计算所获取图像中目标 T 的像素坐标；
4：$O'C' \leftarrow x_{\text{UAV,pixel}}$，$O'D' \leftarrow y_{\text{UAV,pixel}}$；
5：通过式(8-7)和式(8-8)计算目标在 xOy 上的坐标；
6：利用尺度转换得到最终目标的 GPS 位置 $\text{GPS}_{\text{target}}$

算法 8-4 UGVLocalization()

1：获取目标框 Q^* 的尺度大小；
2：$h_T'' \leftarrow h_{\text{UGV,pixel}}$，$w_T'' \leftarrow w_{\text{UGV,pixel}}$；
3：根据目标高度 h_T，利用式(8-9)计算无人车与目标之间的距离 d_{UGV}；
4：通过式(8-17)和式(8-12)计算目标在 xOy 上的坐标；
5：通过式(8-13)计算目标和 UGV 之间的距离；
6：利用尺度转换得到最终目标的 GPS 位置 $\text{GPS}_{\text{target}}$

在 TargetRecognition()算法中，主要将目标识别过程分为目标检测和匹配两个过程。在目标检测算法中，将获取的图像归一化为 416×416×3 以适应 YOLO-v3 模型，然后利用 Darknet 得到三个不同尺度的预测结果。之后，利用 Logistic 函数得到当前帧图像的目标框。为了得到更准确的匹配结果，使用 BSM 计算目标框与目标模型之间的相似性。对于任一目标框，首先计算两个像素集合中的匹配对个数 BMP(·)，然后计算目标模型 P 和感兴趣框 Q_j 之间的相似性 BSM(·)。对于所有的感兴趣框，算法选择最大匹配度的候选框作为最终的感兴趣目标 Q^*。

在 UAVLocalization()算法中，提出投影成像进行运动目标定位，根据无人机实时得到的高度 h 和俯仰角 θ 计算 d_{UAV}。然后根据三角形相似原理，利用目标在图像中的位置计算目标在 xOy 坐标系中的位置坐标。因此，目标的 GPS 能够利用 OC 和 OD 以及无人机的 GPS 预测得到。相似的，在 UGVLocalization( )中，同样使用投影成像进行运动目标定位，根据目标的高度 h_T 和目标框 Q_{UGV}^{*} 计算 d_{UGV}。然后利用式(8-13)计算无人车与目标之间的距离。因此，两个算法能够利用坐标转换简单地计算出目标的 GPS。

8.4 试验结果与分析

为了证明本章提出方法的有效性，本节在一个实际场景中评估了一架无人机与一辆无人车协同定位性能。在本节中，无人平台通过 WiFi 连接并使用 socket 通信进行信息交互，主要内容包括：目标的匹配相似度、目标的 GPS。在 $s_{\max}$ 的选择方面，本节选择行人为目标进行定位，$s_{\max}$ 则表示人的最大位移量，以百米运动员的平均速度(10 m/s)为参考，定位系统的采样时间为 5 m/s，即 $s_{\max}=2$。

在运动控制方面，无人平台依据目标识别算法给出的目标框进行目标监视。具体而言，无人机或无人车开启目标识别模块，实时检测要监视的目标。发现目标后，以目标框到图像中心的像素距离进行换算，目的是保证下一时刻目标在智能体的图像中心区域(每 5 帧调整一次)。然而，上述过程的前提是目标的识别是准确的，一旦算法发生误识别，则平台将无法完成监视任务。基于此问题，本章提出双向反馈校验机制，在保证定位精度的同时，不断调整各无人平台的观测位置和更新匹配模型，避免误识别带来的不良影响，确保了监视任务的顺利完成。

本节分别设计了两组对比试验，第一组试验是与单无人机定位进行对比，突出说明引入无人车监视的优势。第二组试验是与两架无人机协同定位进行比较，目的是说明本章设计的空地协同定位机制的有效性。本节的所有试验均选用足球场中的局部区域(大小为 68 m×60 m)进行的实机测试，测试效果图如图 8-7所示。

图 8-7　试验场地示例图

8.4.1 主要参数设置

在本章提出的空地协同目标定位算法中存在着两个重要参数，一个是目标特征的选择，其对识别的结果有着重要的影响。另一个是无人车识别阈值 θ_{UGV}，其是提出的双向反馈校验机制的重要参数，决定着协同定位的精度。因此，本节首先对识别过程中目标特征的选择进行说明。其次，对识别阈值 θ_{UGV} 的选取进行定量分析。

(1) 目标特征的选择

在目标匹配的模型中，传统的 BSM 方法采用 RGB 特征值与像素间的距离进行相似度判断，确定最终匹配目标。其中，像素间的距离主要利用目标的结构特征进行相似性评估。然而，在实际应用中，当具有相似颜色特征的物体出现时，易发生误匹配问题。因此，本章在目标匹配模型中加入 LBP 特征，增加对目标边缘特征的保护，提高匹配模型的准确性。图 8-8 展示了不同目标特征在无人机飞行试验中的识别结果。

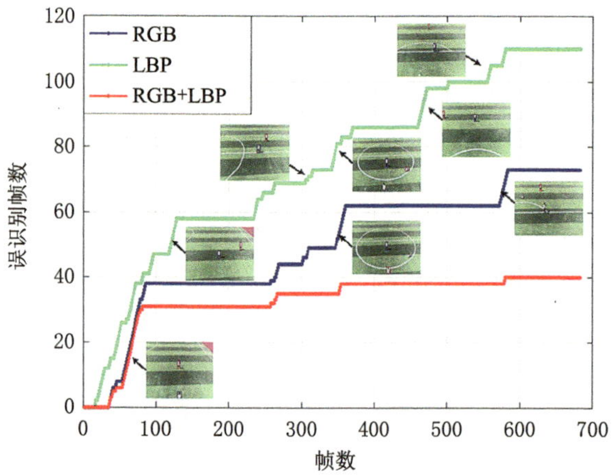

图 8-8 无人机飞行中不同目标特征的识别结果

在图 8-8 中，在前 100 帧匹配过程中，三种方法均发生不同程度的误匹配，这是由于干扰物体不仅在特征上与目标相似，而且在的运动轨迹和方向上也相对一致，因此在匹配过程中易发生误识别。仅利用 RGB 进行匹配存在 70 帧的误识别，且在 300 帧时发生了较严重的误识别。而仅利用 LBP 进行匹配存在 110 帧的误识别，且在整个监视过程中都保持了较高的误识别率，无法满足持续监视任务的要求。由图 8-8 可以看出，利用 RGB＋LBP 进行匹配仅有 40 帧的误识别，且在 100 帧以后均保持着较好的匹配精度。即使出现相似物体遮挡的情况发生时，在加入 LBP 特征后，BSM 方法的误识别帧数减少了 1/2，这充分说明了增加对目标边缘特征的保护的重要性，因此本节选用 RGB+LBP 进行目标匹配。

(2) θ_{UGV}的选择

在空地协同定位算法中，无人车的识别阈值 θ_{UGV}决定当前时刻哪个机制被激发，即定义哪个平台为领导者，从而精确地定位目标。因此可以看出，θ_{UGV}是目标协同定位的关键参数。为了选择合适的识别阈值，在试验场景(足球场)中采集了 20 组无人车跟踪目标的识别视频，并线下分析当匹配相似度值稳定下无人车识别目标情况，以此确定试验中的识别阈值 θ_{UGV}。无人车匹配相似度的统计结果如图 8-9 所示。

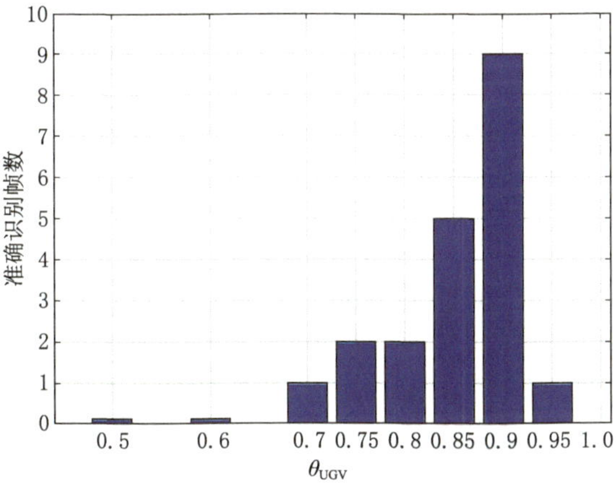

图 8-9　UGV 匹配相似度的统计结果

由图 8-9 可以看出，当 $\theta_{UGV} \in [0,0.6]$时，易造成目标监视任务的失败。这是因为若阈值过小，无人车存在错误引导的问题，导致无人机的定位误差较大。特别是当无人车误识别目标后，修正定位机制的不断执行，导致无人机偏离了计划的飞行路径，从而丢失目标。而当 $\theta_{UGV}>0.95$ 时，引导行进机制时常被执行。这是因为修正定位机制阈值 θ_{UGV}过大而难以满足条件。而在辅助监视过程中，虽然目标定位准确，但是无人车的模型频繁更新，易发生误匹配问题，从而进入引导行进机制。无人机目标定位受图像畸变、机身抖动等因素的影响，易加大空地协同定位的误差。因此，$\theta_{UGV} \in [0.75,0.9]$是比较合理的。与此同时，在 $\theta_{UGV}=0.9$ 下，精准识别目标的次数为 9，占所有试验数据的 45%。综合考虑这些离线试验数据，在本节试验中设置 $\theta_{UGV}=0.9$。

8.4.2 模型性能分析

为了测试空地协同目标定位的性能，本节主要设置与单无人机定位算法[161]进行对比，突出说明本章引入地面无人车的优势。需要指出的是，为了保证单无人机能够顺利完成任务，本节不在其运动目标监视过程中加入任何干扰，重点是衡量无人机与无人车的目标定位精度。在此次对比中，无人机的飞行高度为 8 m，俯仰角 $\theta=30°$。单无人机和空地协同的目标识别结果分别如图 8-10 和图 8-11 所示。

图 8-10　单无人机的目标识别结果

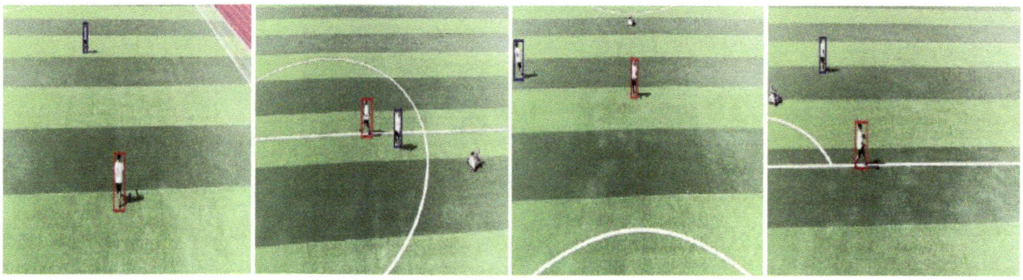

(a) 无人机目标识别结果

(b) 无人车目标识别结果

图 8-11　空地协同定位的目标识别结果

在图 8-10 和图 8-11 中，红色框表示匹配到的目标，蓝色框表示候选的次优目标。从图 8-10 和图 8-11 中的识别结果可以看出，YOLO-v3 能够准确地检测多尺度目标。特别是在图 8-11 中，当设置了相似物体的遮挡和干扰问题，提出的目标识别算法不仅能够检测到潜在目标，而且计算的目标匹配相似度较高，即能够精准识别目标，排除相似物的干扰。单无人机和空地协同监视的全局图如图 8-12 所示。

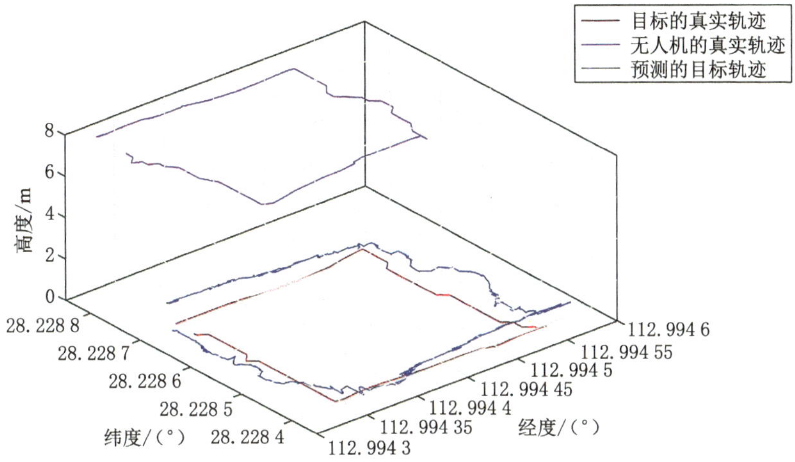

(a) 单无人机定位目标轨迹

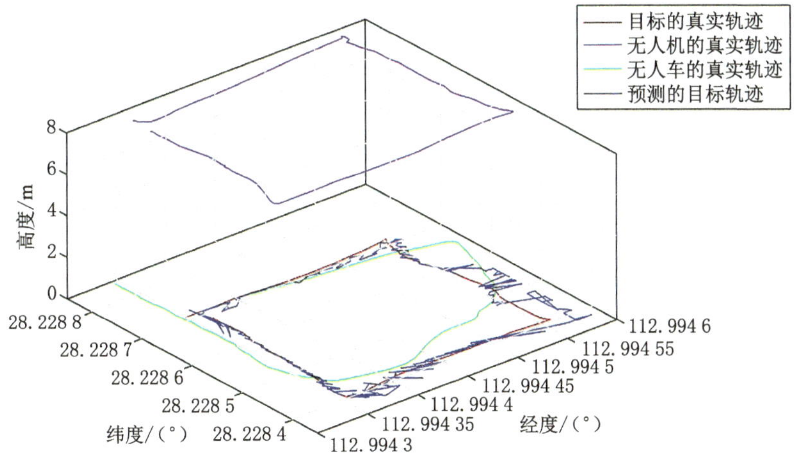

(b) 空地协同定位目标轨迹

图 8-12　单无人机与空地协同定位的轨迹对比

在图 8-12 中，单无人机虽能够保持全程对目标的监视，但定位精度不高。相比之下，空地协同模式保持着高精度的定位。由图 8-12(b)可以看出，协同定位的路线(蓝色)与目标的实际轨迹很相近，只有在 300 帧到 400 帧时才有一定的偏差，且偏差范围较小。为了更加清晰地对比两种模式的性能，图 8-13 和图 8-14分别展示了两种模式的经纬度定位误差图，图 8-15 展示了两种模式的整体定位误差对比图。

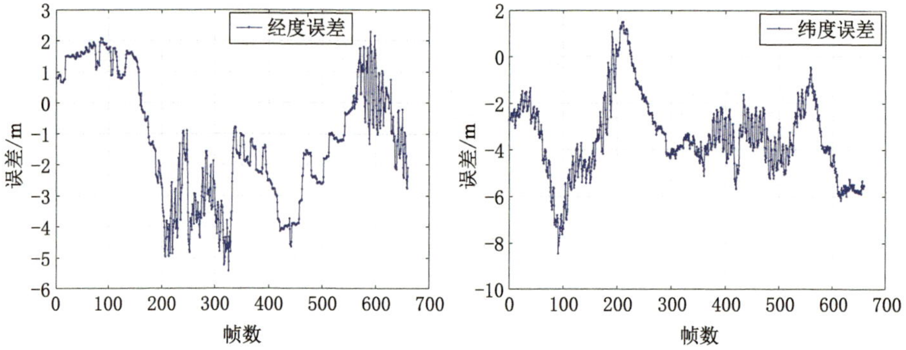

(a) 经度误差　　(b) 纬度误差

图 8-13　单无人机定位误差

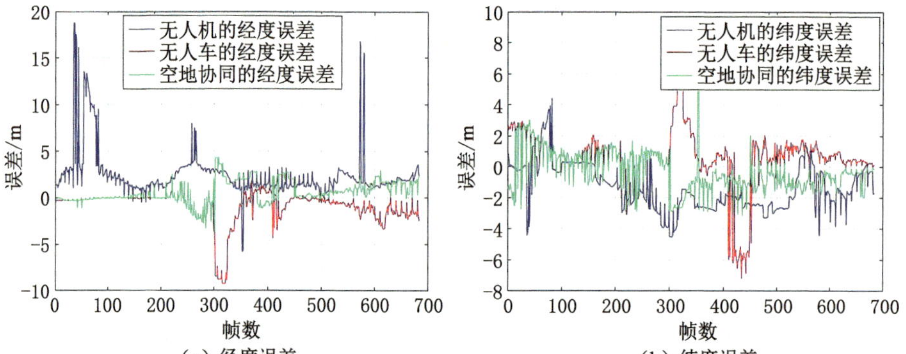

(a) 经度误差　　(b) 纬度误差

图 8-14　空地协同经纬度定位误差

在图 8-13 中，单无人机在经度上的误差范围为[−5,3]，在纬度上的误差范围为[−8,2]，与目标的整体轨迹误差在 5 m 以内，这说明在无外界干扰的情况下，单无人机定位精度是可以接受的。相比之下，本章提出的空地协同模式在相似物体干扰的情况下仍具有高精度的定位。例如，在 50 帧时无人机由于相似物体的遮挡导致匹配错误，而此时无人车能够准确定位目标，因此修正定位机制被启动，在控制定位误差的同时，修正了无人机的观测位置。在 300 帧至 400 帧时，无人车由于运动转角过大而导致丢失目标，而此时指导前进机制被启用，引导无人车重识目标。由图 8-15 可以看出，空地协同模式下目标的定位精度均在 2 m 内（绿色曲线），这说明了提出的双向反馈校验机制是有成效的，不仅克服了相似物体的干扰，还将无人机定位的精度提高了 3 m 以上。

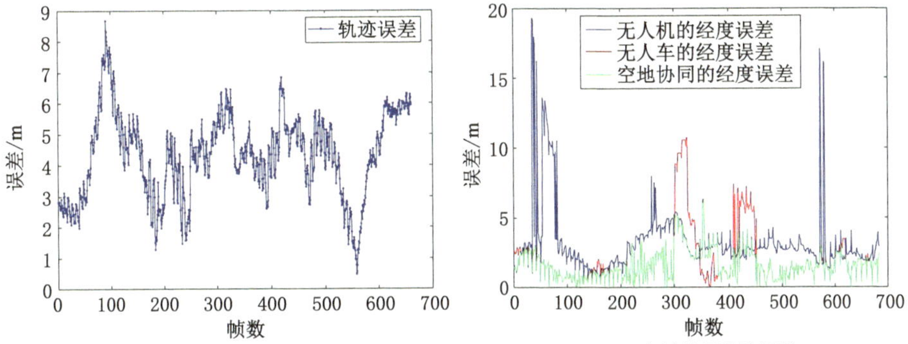

（a）单无人机轨迹误差　　（b）空地协同轨迹误差

图 8-15　单无人机与空地协同的定位误差对比

表 8-1 是对两种模式下的误差进行了定量分析，在单无人机定位模式下，平均轨迹误差为 4.3 m，识别帧数为 675。然而在空地协同监视模式下，虽然单无人机或无人车的误识别帧数均超过 40 帧，但两者协同监视的识别帧数可达到 679 帧。在轨迹方面，协同监视都要好于单无人机定位。空地协同模式下无人机的轨迹误差为 3.26 m，无人车的轨迹误差为 1.99 m，平均轨迹误差仅为 1.61 m。因此，可以得出以下结论：提出的双向反馈校验机制不仅能够提供高精度的目标定位，同时还能够根据目标匹配相似度调整各智能体的观测位置，保证监视任务的顺利完成。

表 8-1　单无人机与空地协同模式的定量分析对比

指标	模式	单无人机		
	空地协同	UAV	UGV	空地
平均轨迹误差/m	4.3	3.26	1.99	1.61
识别帧数	675	645	568	679

8.4.3 对比试验分析

为了说明空地协同定位系统的准确性，参考文献[162]中的多无人机定位模式，在本节中设计了一组试验，两个 UAV 以协同方式监控目标，验证了多层决策机制的有效性。在本组试验中，为了保证多智能体协同定位的公平性，加入相似目标的干扰，并将无人机的飞行高度设置为 8 m，偏航角 $\theta=30°$。

由于文献[162]中的方法没有多无人机的目标识别和投影定位，因此本节对其进行了改进，增加了基于目标匹配和投影成像的方法进行比较。两台无人机定位结果的平均值作为协同定位的最终结果。图 8-16(a)中显示出了用于协作定位的投影成像的示例。

图 8-16(a)显示了两架无人机协同定位的原理，当目标出现在两架无人机的共同覆盖区域时(蓝色区域)，该算法取两架无人机定位的平均值作为协同定位的最终结果。如果目标出现在任一无人机的视野范围时(白色区域)，则利用当前无人机的定位方法预测目标的位置。图 8-16(b)展示了在这种模式下两架无人机的协同定位轨迹。从图中可以看出，利用两架无人机进行协同定位虽出现一些错误定位的现象，但总体定位结果是准确的，能够保证监视任务的完成。为了更加清晰地对比该模式与空地协同定位之间的差别，图 8-17 列举了当前模式下的目标识别结果图，图 8-18 展示了该模式在大地坐标系下的定位误差图。

在图 8-17 中共设置了两个相似物的干扰，红色框表示匹配到的目标，蓝色框表示候选的次优目标。在行人检测方面，YOLO-v3 展示了鲁棒的性能，能够准确检测到目标。由目标识别结果可以看出，提出的双向寻优匹配是十分理想的，利用目标模型匹配能够准确识别感兴趣目标，排除相似物的干扰。图 8-18 展示了两架无人机经纬度定位误差情况。图 8-19 所示为两架无人机协同与空地协同的定位误差对比。

由图 8-18 可以看出，UAV_1(蓝色曲线)在经度和纬度上的定位误差较大，在经度上的误差范围为[-8,4]，在纬度上的误差范围为[-12,4]，但与目标的整体轨迹误差在 4 m 以内。相比之下，UAV_2(红色曲线)则误差较小，在经度上的最大误差为 5 m，在维度上的最大误差为 8 m，这说明在同等条件下，UAV_2 的定位精度比 UAV_1 的高。在经度上的误差范围为[-8,4]，在纬度上的误差范围为[-7,4]，与目标间的轨迹误差均在 4 m 以内，具有较好的定位精度。在图 8-19 中，两架无人机协同模式在平均定位误差方面均得到了理想的监视效果。然而，与提出的空地协同定位模式相比，总体协同定位精度误差增加了 2 m，这说明了双向反馈校验机制的有效性，不仅克服了地面相似物体遮挡给无人车带来的困难，还减少了无人机因图像畸变、抖动等因素带来的定位误差。

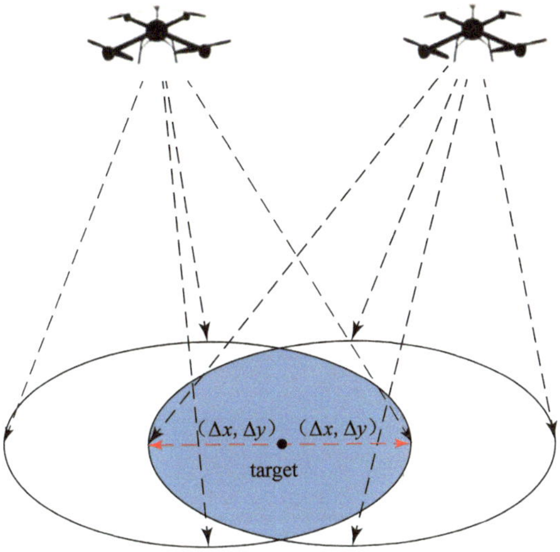

（a）定位原理

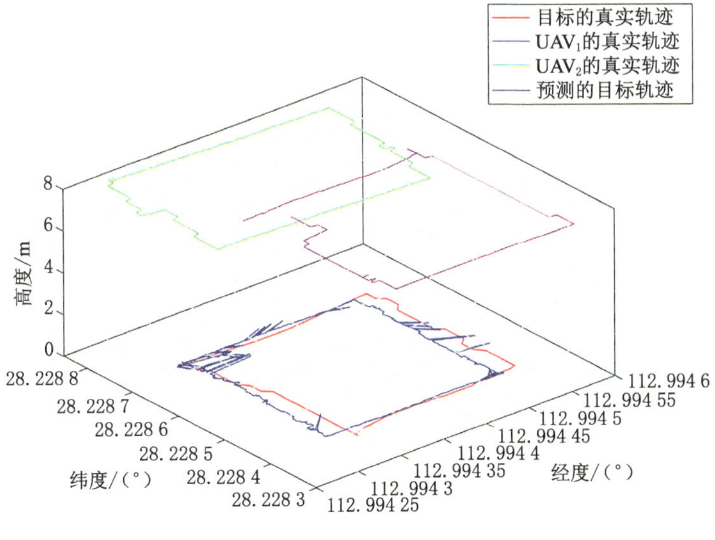

（b）定位飞行轨迹

图 8-16 两架无人机的协同定位

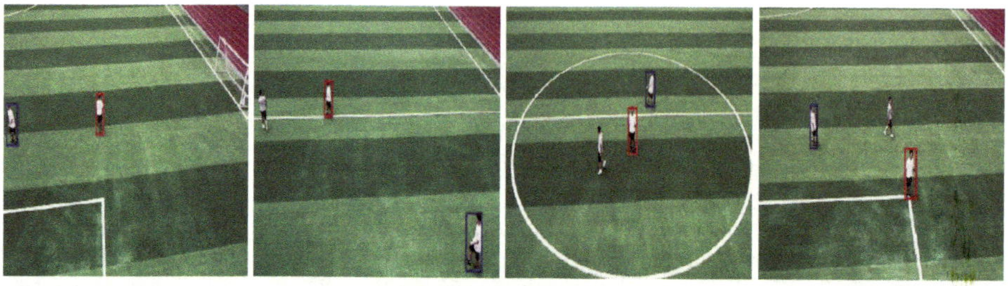

(a) UAV_1

(b) UAV_2

图 8-17　UAV_1 和 UAV_2 的目标识别结果

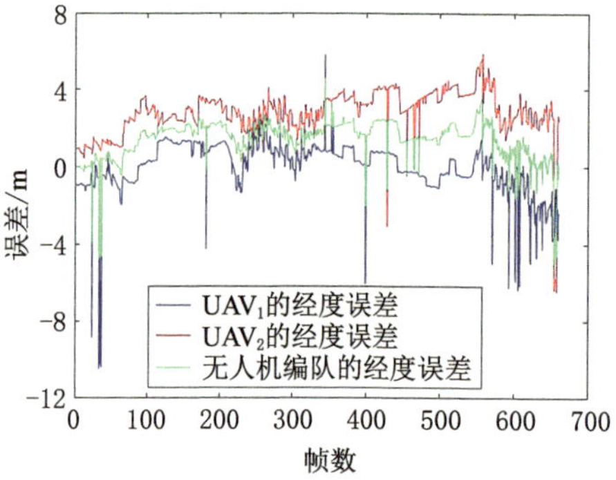

(a) 经度误差

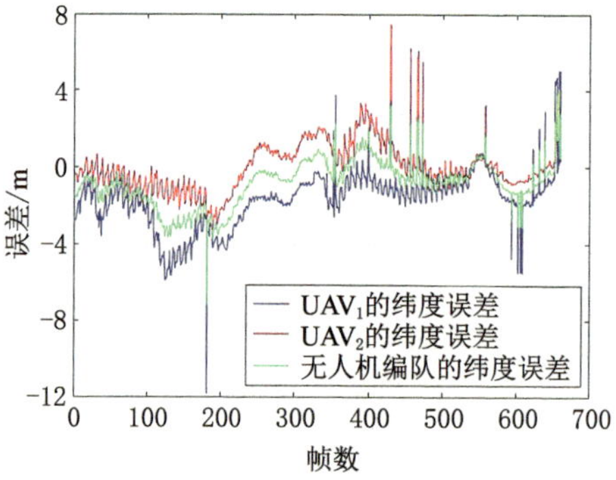

(b) 纬度误差

图 8-18　空空协同经纬度定位误差

相似的，为了进一步证明本章提出机制的性能，表 8-2 对两种模式下的性能进行了定量分析。在空空协同定位模式下，UAV_1 的轨迹误差为 3.14 m，总识别帧数为 661 帧，而 UAV_2 的轨迹误差为 2.2 m，识别帧数为 678 帧。在平均轨迹误差保持相当的同时，识别帧数也维持了较高水平，这说明了协同定位较单无

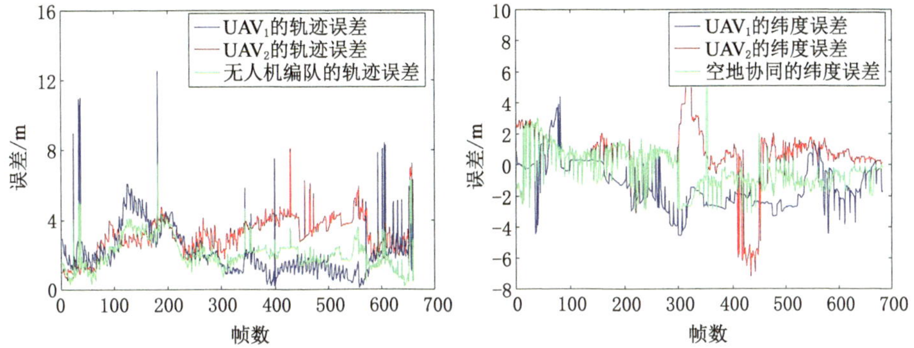

(a) 两架无人机轨迹误差　　(b) 空地协同轨迹误差

图 8-19　空空协同与空地协同的定位误差对比

人机定位存在绝对优势，将轨迹误差减少了 2.2 m。但与提出的空地协同监视模式相比，虽然误识别帧数均保持较高水平，但轨迹误差增加了 0.5 m。这进一步证明了双向反馈校验机制的有效性，不仅能够提供高精度的目标定位，同时还能够修正无人机或无人车的运动轨迹，提高空地协同监视的识别帧数。

表 8-2　空空协同模式与空地协同模式的定量分析对比

指标	空空协同			空地协同		
	UAV_1	UAV_2	空空	UAV	UGV	空地
平均轨迹误差/m	3.14	2.20	2.10	3.26	1.99	1.61
识别帧数	661	678	682	645	568	679

8.4.4　空地平台分析

本章提出了基于双向反馈校验的空地协同定位方法，该方法包含了目标识别、投影定位模型。无人机的特点是视野范围大、捕获的外部特征多，但它的缺点是图像畸变和飞行抖动问题。相比较而言，无人车的特点是图像无畸变、平面投影定位准确，但它的缺点是视野范围小、不易发现小目标。在实际场景验证中，设置了相似物体的干扰(包括相似特征和遮挡)，从试验结果上看，提出的协同机制是有效的，平均轨迹误差仅为 1.61 m，目标识别率达到 99%。

图 8-20 展示了在监视过程中定位目标的平台标识。其中，红色表示当前时刻利用无人车预测目标的位置，蓝色表示利用无人机作为领导者计算目标的位置。在大部分监视时间里，无人车定位模块占据了主导地位，共 495 帧，占总帧

数的 72.3%。因此由图 8-20 可以看出，无人车在协同定位中的作用是十分重要的。

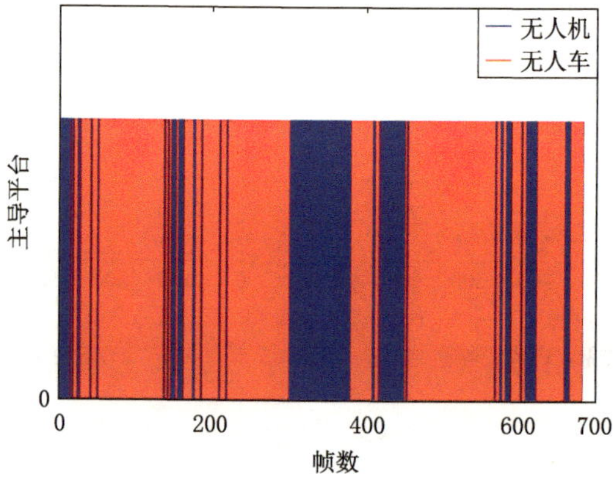

图 8-20　监视过程中的目标定位设备

8.5　本章小结

由于观测角度和处理能力的限制，单个无人平台的定位、跟踪性能较差。为了提高目标定位的性能，本章设计了一种空地协同定位模式，该模式利用无人机和无人车之间的信息交互和协同控制的优势来增强对运动目标的定位能力。具体来说，提出了一种双向反馈验证算法，该算法综合了识别率和目标运动特性，以提高目标定位精度。为了验证该方法的性能，在室外环境下进行了几组实机测试，并与现有的定位方法进行了比较。然而，在实机测试中，未对无人机和无人车的路况信息加以考虑，如无人机存在雷达干扰或其他不可达区域，无人车遇到建筑物遮挡或路径不可达。因此，空地无人平台协同定位系统还需要完善，主要针对性研究方向为：① 针对无人机和无人车，设计优化避障策略，从而保证监视任务的完成，如安装 2D 或 3D 激光雷达。② 针对未知的监视环境，如何充分挖掘无人机视野范围大的特点为无人车进行路径规划，仍需进一步探索。

第9章 结　论

随着人工智能技术的不断发展,无人平台的决策与控制能力得到了质的飞跃。然而,随着目标跟踪任务复杂程度的不断增加,单一自主无人平台往往由于续航、载荷等限制而难以满足新的任务需求。因此,为充分发挥无人平台的协同响应能力、敏捷适应能力、协同组织能力与自主编队能力,本书开展了面向动态目标跟踪的多无人平台协同编队优化研究,有效地提升了多无人平台的组织与协同效能。同时,支持任务、环境变化下的自适应调整,充分挖掘无人平台潜力,以实现对复杂跟踪任务环境的适应性更强、响应速度更快、自主能力更高。本书研究的主要贡献包括以下几个方面。

(1) 基于群智能算法的协同目标搜索方法

针对未知城市环境下多机协同目标搜索问题展开研究,提出了基于群智能算法的协同目标搜索方法,构建了基于信息共享代价和区域覆盖收益双重指标的协同目标搜索函数。同时,为了增加城市环境的复杂度,在城市区域中设定了许多密集建筑物,并设计了三类不同运动状态的目标均匀分布在该区域,从而保证目标的多样性。在模型求解中,为了满足目标搜索的时效性,提出改进的麻雀搜索算法进行优化求解,保证每架无人机均能够得到最优路径可行解。试验结果表明,与当前流行的搜索方法相比,在相同搜索周期的约束下,在区域覆盖率和发现目标数方面均具备较大优势。在保证目标搜索成功率的同时,增强了对未知城市环境的区域覆盖能力。

(2) 基于测距避障的协同路径规划方法

针对城市区域的全局信息难以获取且局部障碍信息具有可变性的问题,提出基于测距避障的协同路径规划方法,重点研究如何提高无人平台编队协同避障能力和监视能力,同时也考虑了各平台的行进稳定性。当小规模障碍物出现时,提出基于严格约束的控制机制,增强编队监视飞行的协同控制能力,获得精确的各平台观测位置结果。当大规模障碍物出现时,由于各平台均需避障操作,利用 LK 方法对目标位置进行实时预测,并建立模糊约束机制,扩大编队监视的搜索范围，从而提高优化模型的容错能力。为了验证提出的 MCPO 方法的性能，在 UE4 平台进行 3D 仿真测试，并与现有算法进行比较。试验结果表明，MCPO 无论是在编队稳定性上还是在监视准确性方面均具有较大优势。

（3）前景约束下的抗干扰匹配目标跟踪方法

面向复杂场景中相似物体干扰、光照变化、背景杂波问题，利用图像的前景判别突出了目标的重要区域，为特定目标的识别跟踪提供了新的思路。通过 EM 模型对前景信息的估计解决了模板匹配中的误识问题。在匹配过程中引入决策判定，排除与目标相似物体的干扰，提高算法匹配的抗干扰性。在模型更新中算法对目标是否发生严重遮挡进行判断，当发生严重遮挡时，在特征集中加入适当补偿，提高了跟踪的可靠性。试验结果表明，该方法在相似物体干扰、光照变化、背景杂波等影响下均可以得到较高的跟踪准确率。

（4）局部感知下的稀疏优化跟踪方法

面向复杂场景中目标形变、遮挡问题，利用目标的全局特征和局部特征进行联合建模，并在稀疏跟踪过程中采用局部相似匹配方法对稀疏跟踪结果进行双向校验，保证跟踪的准确性。在模板的更新中，引入距离决策对目标发生遮挡进行判定，并根据判定结果分别采取不同的更新策略。通过对 10 组视频序列进行试验对比分析，该方法在局部遮挡、目标形变等条件下均得到了较高精度的跟踪结果。

（5）基于卷积神经网络架构的定位-分类-匹配跟踪方法

面向复杂场景中目标快速运动、旋转、背景杂波问题，在定位模型中，采用前一帧的跟踪结果估计预测当前帧的目标位置，并采样目标候选区域。在分类模型中，采用已训练的深度特征进行类间筛选，计算每个候选区域的得分，并选择前 N 个作为次优候选区域。然后利用相似匹配方法计算次优区域和目标模型之间的相似性，从而得出当前帧中最优目标区域。在 OTB 视频库中与近几年的跟踪方法相比，该方法在目标快速运动、目标旋转、背景杂波等环境下显示出了良好的跟踪性能。

（6）基于混合特征融合的协同编队优化方法

为了解决复杂场景下无人机协同编队问题，提出了基于混合特征融合的协同编队优化方法。为了确保多无人平台的跟踪精度，设计了一种多无人机协同模型，利用无人机之间信息交互和协同控制的优点，获得准确的跟踪结果。针对目标遮挡、相似物体干扰、视场变化以及背景杂波等问题，提出了基于定位匹配的目标识别方法，并制定了不同的协同优化策略。为了保证无人机处于最佳观测位置，建立以无人机运动势能为目标函数、协同策略为约束条件的优化模型。最后，通过对该模型进行弹性约束求解，对无人机的当前位置进行动态调整，使其处于最佳观测位置。试验结果表明，SMART 方法不仅能解决单无人机跟踪中的误识别问题，而且平均行进轨迹误差仅为 8.98 m，误识别帧数为 29 帧，具备多无人平台高效协同编队的能力。

(7) 空地协同下的动态目标定位跟踪方法

针对多无人平台协同目标跟踪准确度低的问题，提出空地协同下的动态目标定位跟踪方法。该方法利用无人机和无人车之间的信息交互和协同控制的优势，增强了对运动目标的定位能力。由于空地无人平台的异构性，引入平台的目标识别率作为决策因素，保证移动目标定位的准确性。在此基础上，提出了一种双向反馈验证算法，其包含修正定位、辅助监视、引导行进等多层引导决策，以确保每个无人平台都能处于目标的最佳观测位置。为了验证 BRAVE 的性能，在室外开阔环境下进行了几组实机测试，并与现有的定位方法进行了比较。试验结果表明，提出的 BRAVE 在定位误差和识别精度方面均表现出明显优势，平均误差和识别率分别为 1.61 m 和 99%，提高了空地协同定位跟踪的精度。

参考文献

[1] 新华社.无人系统"智"造未来:国际智能无人系统大会采访侧记[EB/OL].[2018-10-16](2024-04-06).https://www.cac.gov.cn/2018-10/16/c_1123562262.htm.

[2] 工业和信息化部.促进新一代人工智能产业发展三年行动计划(2018—2020年)[EB/OL].[2017-12-13](2024-06-08).https://www.ncsti.gov.cn/kjdt/ztbd/gjjcyfw/rengongzhineng/rengongzhinengzczc/202109/t20210927_45504.html.

[3] 中国经营报.《交通强国建设纲要》发布 专家:智能网联汽车发展将带来更多投资机遇[EB/OL].[2019-09-21](2024-02-06).https://baijiahao.baidu.com/s?id=1645276944432025359&wfr=spider&for=pc.

[4] 新华社.习近平:高举中国特色社会主义伟大旗帜为全面建设社会主义现代化国家而团结奋斗——在中国共产党第二十次全国代表大会上的报告[EB/OL].[2022-10-25](2024-03-15).https://www.gov.cn/xinwen/2022-10/25/content_5721685.htm.

[5] 数字孪生体联盟.过去10年美军无人系统和作战的演变[EB/OL].[2023-05-15](2024-02-25).https://baijiahao.baidu.com/s?id=1765954073599862366&wfr=spider&for=pc.

[6] 兵器杂志.炸完就跑!俄军飞翼无人机,载弹3吨狂轰乌克兰,这一机型我国急缺[EB/OL].[2023-07-10](2023-12-25).https://baijiahao.baidu.com/s?id=1771021992745867327&wfr=spider&for=pc.

[7] 中国青年报.俄乌冲突凸显无人机重要性[EB/OL].[2023-02-22](2023-12-28).https://baijiahao.baidu.com/s?id=1758516715497827892&wfr=spider&for=pc.

[8] AI香语文图.无人机监测利器:低空监视雷达系统[EB/OL].[2024-12-15](2024-12-29).https://baijiahao.baidu.com/s?id=1818477980634059956&wfr=spider&for=pcl.

[9] 封面新闻.大象进入昆明晋宁区,12 架无人机不间断监测,象群最新踪迹曝光[EB/OL].[2021-06-03](2024-06-15).https://baijiahao.baidu.com/s?id=1701544990791544622&wfr=spider&for=pc.

[10] 中国发展改革.复亚智能交通无人机大显身手,为甘肃交警增添得力助手[EB/OL].[2023-06-13](2023-12-15).https://baijiahao.baidu.com/s?id=1768552811712578766&wfr=spider&for=pc.

[11] 解放军报.美空智能无人机重磅发布,为消防施救带来新革命[EB/OL].[2016-11-03](2023-12-20).http://www.81.cn/jskj/2016-11/03/content_7340624.htm.

[12] 王耀南,安果维,王传成,等.智能无人系统技术应用与发展趋势[EB/OL].[2023-07-07](2023-11-20).https://blog.csdn.net/lijie45655/article/details/131600114.

[13] CHEN J,SUN J,WANG G.From unmanned systems to autonomous intelligent systems[J].Engineering,2022,12:16-19.

[14] HAN R,WEN Y Q,BAI L,et al.Age of information aware UAV deployment for intelligent transportation systems[J].IEEE transactions on intelligent transportation systems,2022,23(3):2705-2715.

[15] NIELSEN L D,SUNG I,NIELSEN P.Convex decomposition for a coverage path planning for autonomous vehicles:interior extension of edges[J].Sensors,2019,19(19):4165.

[16] 谢朋志,魏晨.单侧区域分割的多无人机扫描线搜索方法研究[J].航空兵器,2020,27(3):67-72.

[17] 戴健,许菲,陈琪锋.多无人机协同搜索区域划分与路径规划研究[J].航空学报,2020,41(增刊):149-156.

[18] WU Y,WU S B,HU X T.Multi-constrained cooperative path planning of multiple drones for persistent surveillance in urban environments[J].Complex and intelligent systems,2021,7(3):1633-1647.

[19] WU Y,LOW K H,PANG B Z,et al.Swarm-based 4D path planning for drone operations in urban environments[J].IEEE transactions on vehicular technology,2021,70(8):7464-7479.

[20] ZHU S C,GUI L,CHENG N,et al.Joint design of access point selection and path planning for UAV-assisted cellular networks[J].IEEE internet of things journal,2020,7(1):220-233.

[21] YU H L,MEIER K,ARGYLE M,et al.Cooperative path planning for target

tracking in urban environments using unmanned air and ground vehicles[J]. IEEE/ASME transactions on mechatronics,2015,20(2):541-552.

[22] 吴岸平,郭正,侯中喜,等.不确定环境下无人机区域目标搜索及载荷参数影响[J].国防科技大学学报,2020,42(4):35-42.

[23] 杨春宁,杜黎明,李春.未知区域无人机协同搜索方法及效率分析[J].航空科学技术,2019,30(10):56-63.

[24] 刘重,高晓光,符小卫.带信息素回访机制的多无人机分布式协同目标搜索[J].系统工程与电子技术,2017,39(9):1998-2011.

[25] 肖东,江驹,周俊,等.通信受限下多无人机协同运动目标搜索[J].哈尔滨工程大学学报,2018,39(11):1823-1829.

[26] TANG Q R,YU F C,ZHANG Y,et al.A stigmergetic method based on vector pheromone for target search with swarm robots[J].Journal of experimental and theoretical artificial intelligence,2020,32(3):533-555.

[27] 黄杰,孙伟,高渝.双属性概率图优化的无人机集群协同目标搜索[J].系统工程与电子技术,2020,42(1):118-127.

[28] LIU Z,GAO X G,FU X W.A cooperative search and coverage algorithm with controllable revisit and connectivity maintenance for multiple unmanned aerial vehicles[J].Sensors,2018,18(5):1472.

[29] YAO P,WANG H L,JI H X.Multi-UAVs tracking target in urban environment by model predictive control and Improved Grey Wolf Optimizer[J].Aerospace science and technology,2016,55:131-143.

[30] PEREZ-CARABAZA S,BESADA-PORTAS E,LOPEZ-OROZCO J A,et al.Ant colony optimization for multi-UAV minimum time search in uncertain domains[J].Applied soft computing,2018,62:789-806.

[31] PURBOLINGGA Y,JAZIDIE A,EFFENDI R.Modified ant colony algorithm for swarm multi agent exploration on target searching in unknown environment[C]//2019 International Conference of Artificial Intelligence and Information Technology (ICAIIT). Yogyakarta, Indonesia. IEEE, 2019:175-179.

[32] ZHEN Z Y,CHEN Y,WEN L D,et al.An intelligent cooperative mission planning scheme of UAV swarm in uncertain dynamic environment[J]. Aerospace science and technology,2020,100:105826.

[33] SAADAOUI H,EL BOUANANI F,ILLI E.Information sharing based on local PSO for UAVs cooperative search of moved targets[J]. IEEE

access,2021,9:134998-135011.
[34] 董金虎.基于深度强化学习的车辆路径规划算法研究[D].长春:吉林大学,2022.
[35] 高阳.基于强化学习的无人机协同航迹规划方法研究[D].成都:电子科技大学,2022.
[36] LI J Q,SUN T,HUANG X P,et al.A memetic path planning algorithm for unmanned air/ground vehicle cooperative detection systems[J].IEEE transactions on automation science and engineering,2022,19(4):2724-2737.
[37] CHEN J C,ZHANG Y,WU L W,et al.An adaptive clustering-based algorithm for automatic path planning of heterogeneous UAVs[J].IEEE transactions on intelligent transportation systems,2022,23(9):16842-16853.
[38] RADMANESH R,KUMAR M,FRENCH D,et al.Towards a PDE-based large-scale decentralized solution for path planning of UAVs in shared airspace[J].Aerospace science and technology,2020,105:105965.
[39] DUAN H B,ZHAO J X,DENG Y M,et al.Dynamic discrete pigeon-inspired optimization for multi-UAV cooperative search-attack mission planning[J]. IEEE transactions on aerospace and electronic systems,2021,57(1):706-720.
[40] LI J,XIONG Y H,SHE J H,et al.A path planning method for sweep coverage with multiple UAVs[J]. IEEE internet of things journal, 2020, 7(9): 8967-8978.
[41] HONG D,LEE S,CHO Y H,et al.Energy-efficient online path planning of multiple drones using reinforcement learning[J].IEEE transactions on vehicular technology,2021,70(10):9725-9740.
[42] GUO M,LONG T,LI H,et al.Reinforcement-learning-based path planning for UAVs in intensive obstacle environment[C]//2021 China Automation Congress (CAC).Beijing,China.IEEE,2021:6451-6455.
[43] 尹依伊,王晓芳,周健.基于Q强化学习的多无人机协同航迹规划方法[J].兵工学报,2023,44(2):484-495.
[44] CHANG H,CHEN Y C,ZHANG B C,et al.Multi-UAV mobile edge computing and path planning platform based on reinforcement learning[J].IEEE transactions on emerging topics in computational intelligence,2022,6(3):489-498.
[45] 周文娟,张超群,汤卫东,等.一种新的基于强化学习改进SAR的无人机路

径规划[J].控制与决策,2024,39(4):1203-1211.

[46] CHEN D J,WENG J,HUANG F R,et al.Heuristic Monte Carlo algorithm for unmanned ground vehicles realtime localization and mapping[J].IEEE transactions on vehicular technology,2020,69(10):10642-10655.

[47] JIANG X H,LI N,GUO Y,et al.Localization of multiple RF sources based on Bayesian compressive sensing using a limited number of UAVs with airborne RSS sensor[J].IEEE sensors journal,2021,21(5):7067-7079.

[48] ESMAILIFAR S M,SAGHAFI F.Moving target localization by cooperation of multiple flying vehicles[J].IEEE transactions on aerospace and electronic systems,2015,51(1):739-746.

[49] WANG X P,YANG L T,MENG D D,et al.Multi-UAV cooperative localization for marine targets based on weighted subspace fitting in SAGIN environment[J].IEEE internet of things journal,2022,9(8):5708-5718.

[50] ULUSKAN S.Noncausal trajectory optimization for real-time range-only target localization by multiple UAVs[J].Aerospace science and technology,2020,99:105558.

[51] SIVANERI V O,GROSS J N.Flight-testing of a cooperative UGV-to-UAV strategy for improved positioning in challenging GNSS environments[J].Aerospace science and technology,2018,82/83:575-582.

[52] ZHANG J H,LIU R Y,YIN K J,et al.Intelligent collaborative localization among air-ground robots for industrial environment perception[J].IEEE transactions on industrial electronics,2019,66(12):9673-9681.

[53] QIN H L,MENG Z H,MENG W,et al.Autonomous exploration and mapping system using heterogeneous UAVs and UGVs in GPS-denied environments[J].IEEE transactions on vehicular technology,2019,68(2):1339-1350.

[54] WU Y,WU S B,HU X T.Cooperative path planning of UAVs & UGVs for a persistent surveillance task in urban environments[J].IEEE internet of things journal,2021,8(6):4906-4919.

[55] ZHANG J L,YAN J G,ZHANG P.Multi-UAV formation control based on a novel back-stepping approach[J].IEEE transactions on vehicular technology,2020,69(3):2437-2448.

[56] 王寅,王道波,王建宏.基于凸优化理论的无人机编队自主重构算法研究[J].中国科学(技术科学),2017,47(3):249-258.

[57] ALFEO A L,CIMINO M G C A,VAGLINI G.Enhancing biologically inspired swarm behavior:metaheuristics to foster the optimization of UAVs coordination in target search[J]. Computers and operations research, 2019,110:34-47.

[58] HONG L,GUO H Z,LIU J J,et al.Toward swarm coordination:topology-aware inter-UAV routing optimization[J].IEEE transactions on vehicular technology,2020,69(9):10177-10187.

[59] ZHOU H Y,YAO Z,ZHANG Z,et al.An online multi-robot SLAM system based on lidar/UWB fusion[J].IEEE sensors journal,2022,22(3):2530-2542.

[60] HUANG Z R,CHEN C C,PAN M X.Multiobjective UAV path planning for emergency information collection and transmission[J].IEEE internet of things journal,2020,7(8):6993-7009.

[61] GUPTA A,FERNANDO X.Simultaneous localization and mapping (SLAM) and data fusion in unmanned aerial vehicles:recent advances and challenges[J]. Drones,2022,6(4):85.

[62] 刘大千,包卫东,费博雯,等.未知城市环境下的多机协同目标搜索方法研究[J].系统工程与电子技术,2023(12):3896-3907.

[63] 费博雯,包卫东,刘大千,等.面向动态目标搜索与打击的空地协同自主任务分配方法[J].系统工程与电子技术,2024(7):2346-2358.

[64] MEN T,LIU D Q,ZHU X M,et al.Cooperative target search for UAVs in urban environment[C]//2021 IEEE 9th International Conference on Smart City and Informatization (iSCI).Shenyang,China.IEEE,2021:8-14.

[65] 郭兴海,计明军,温都苏,等."最后一公里"配送的分布式多无人机的任务分配和路径规划[J].系统工程理论与实践,2021,41(4):946-961.

[66] BO N,LI X M,DAI J J,et al.A hierarchical optimization strategy of trajectory planning for multi-UAVs[C]//2017 9th International Conference on Intelligent Human-Machine Systems and Cybernetics (IHMSC). Hangzhou,China.IEEE,2017:294-298.

[67] XUE J K,SHEN B.A novel swarm intelligence optimization approach: sparrow search algorithm[J].Systems science and control engineering, 2020,8(1):22-34.

[68] FEI B W,BAO W D,ZHU X M,et al.Autonomous cooperative search model for multi-UAV with limited communication network[J].IEEE in-

ternet of things journal,2022,9(19):19346-19361.

[69] KASHINO Z, NEJAT G, BENHABIB B. A hybrid strategy for target search using static and mobile sensors[J].IEEE transactions on cybernetics,2020,50(2):856-868.

[70] HU X X,LIU Y H,WANG G Q.Optimal search for moving targets with sensing capabilities using multiple UAVs[J].Journal of systems engineering and electronics,2017,28(3):526-535.

[71] 李松,刘海颖,陈志明.多无人机协同目标搜索路径规划仿真[J].计算机仿真,2018(6):46-50.

[72] DAI M H,SU Z,XU Q C,et al.Vehicle assisted computing offloading for unmanned aerial vehicles in smart city[J].IEEE transactions on intelligent transportation systems,2021,22(3):1932-1944.

[73] BELKADI A, ABAUNZA H, CIARLETTA L, et al. Design and implementation of distributed path planning algorithm for a fleet of UAVs[J]. IEEE transactions on aerospace and electronic systems, 2019, 55(6): 2647-2657.

[74] DEWANGAN R K, SHUKLA A, GODFREY W W. Three dimensional path planning using Grey wolf optimizer for UAVs[J]. Applied intelligence,2019,49(6):2201-2217.

[75] GHAMBARI S, IDOUMGHAR L, JOURDAN L, et al. A hybrid evolutionary algorithm for offline UAV path planning[C]//International Conference on Artificial Evolution (Evolution Artificielle). Cham: Springer, 2020:205-218.

[76] NING Q,TAO G P,CHEN B C,et al.Multi-UAVs trajectory and mission cooperative planning based on the Markov model[J].Physical communication,2019,35:100717.

[77] RAMIREZ ATENCIA C,DEL SER J,CAMACHO D.Weighted strategies to guide a multi-objective evolutionary algorithm for multi-UAV mission planning[J].Swarm and evolutionary computation,2019,44:480-495.

[78] 赵畅,刘允刚,陈琳,等.面向元启发式算法的多无人机路径规划现状与展望[J].控制与决策,2022,37(5):1102-1115.

[79] GRANCHAROVA A,GRØTLI E I,HO D T,et al.UAVs trajectory planning by distributed MPC under radio communication path loss constraints[J]. Journal of intelligent and robotic systems,2015,79(1):115-134.

[80] RAMANA M V, VARMA S A, KOTHARI M. Motion planning for a fixed-wing UAV in urban environments[J]. IFAC-PapersOnLine, 2016, 49(1): 419-424.

[81] PRIMATESTA S, GUGLIERI G, RIZZO A. A risk-aware path planning strategy for UAVs in urban environments[J]. Journal of intelligent and robotic systems, 2019, 95(2): 629-643.

[82] BAKER S, MATTHEWS I. Lucas-Kanade 20 years on: a unifying framework[J]. International journal of computer vision, 2004, 56(3): 221-255.

[83] LIU Y S, WANG Q X, HU H S, et al. A novel real-time moving target tracking and path planning system for a quadrotor UAV in unknown unstructured outdoor scenes[J]. IEEE transactions on systems, man, and cybernetics: systems, 2019, 49(11): 2362-2372.

[84] MENG W, HE Z R, SU R, et al. Decentralized multi-UAV flight autonomy for moving convoys search and track[J]. IEEE transactions on control systems technology, 2017, 25(4): 1480-1487.

[85] VERDEGAY J L. Fuzzy mathematical programming[J]. Fuzzy information and decision process, 1982, 10(4): 291-298.

[86] 郭嗣琮.模糊分析中的结构元方法(Ⅰ)[J].辽宁工程技术大学学报(自然科学版), 2002(5): 670-673.

[87] 郭嗣琮.模糊分析中的结构元方法(Ⅱ)[J].辽宁工程技术大学学报(自然科学版), 2002(6): 808-810.

[88] ROBIN C, LACROIX S. Multi-robot target detection and tracking: taxonomy and survey[J]. Autonomous robots, 2016, 40(4): 729-760.

[89] WANG Y, PU H Z, WANG D B, et al. Unmanned aerial vehicles cooperative path planning for ground target tracking via chemical reaction optimization[J]. Scientia sinica technologica, 2015, 45(6): 583-594.

[90] WU Y, LIM J, YANG M H. Object tracking benchmark[J]. IEEE transactions on pattern analysis and machine intelligence, 2015, 37(9): 1834-1848.

[91] HU C F, ZHANG Z L, YANG N, et al. Fuzzy multiobjective cooperative surveillance of multiple UAVs based on distributed predictive control for unknown ground moving target in urban environment[J]. Aerospace science and technology, 2019, 84: 329-338.

[92] ZHONG W, LU H C, YANG M H. Robust object tracking via sparsity-based collaborative model[C]//2012 IEEE Conference on Computer Vision and Pat-

tern Recognition.Providence,RI,USA.IEEE,2012:1838-1845.
[93] KALAL Z,MIKOLAJCZYK K,MATAS J.Tracking-learning-detection [J].IEEE transactions on pattern analysis and machine intelligence,2012,34(7):1409-1422.
[94] 刘万军,刘大千,费博雯,等.基于局部模型匹配的几何活动轮廓跟踪[J].中国图象图形学报,2015,20(5):652-663.
[95] 刘大千,刘万军,费博雯.前景判别的局部模型匹配目标跟踪[J].中国图象图形学报,2016,21(5):616-627.
[96] COMANICIU D,MEER P.Mean shift:a robust approach toward feature space analysis[J].IEEE transactions on pattern analysis and machine intelligence,2002,24(5):603-619.
[97] ORON S,BAR-HILLE A,AVIDAN S.Extended Lucas-Kanade tracking [C]//European Conference on Computer Vision.Cham:Springer,2014:142-156.
[98] BAKER S,MATTHEWS I.Lucas-Kanade 20 years on:a unifying framework[J].International journal of computer vision,2004,56(3):221-255.
[99] WU Y,LIM J,YANG M H.Online object tracking:a benchmark[C]//2013 IEEE Conference on Computer Vision and Pattern Recognition.Portland,OR,USA.IEEE,2013:2411-2418.
[100] JIA X,LU H C,YANG M H.Visual tracking via adaptive structural local sparse appearance model[C]//2012 IEEE Conference on Computer Vision and Pattern Recognition.Providence,RI,USA.IEEE,2012:1822-1829.
[101] ADAM A,RIVLIN E,SHIMSHONI I.Robust Fragments-based Tracking using the Integral Histogram[C]//2006 IEEE Computer Society Conference on Computer Vision and Pattern Recognition (CVPR'06).New York,NY,USA.IEEE,2006:798-805.
[102] KWON J,LEE K M.Visual tracking decomposition[C]//2010 IEEE Computer Society Conference on Computer Vision and Pattern Recognition.San Francisco,CA,USA.IEEE,2010:1269-1276.
[103] BAO C L,WU Y,LING H B,et al.Real time robust L1 tracker using accelerated proximal gradient approach[C]//2012 IEEE Conference on Computer Vision and Pattern Recognition.Providence,RI,USA.IEEE,2012:1830-1837.
[104] ZHANG K H,ZHANG L,YANG M H.Real-time compressive tracking

[C]//European Conference on Computer Vision. Berlin, Heidelberg: Springer,2012:864-877.

[105] GRABNER H,GRABNER M,BISCHOF H.Real-time tracking via on-line boosting[C]//Proceedings ofthe British Machine Vision Conference 2006.Edinburgh.British Machine Vision Association,2006:47-56.

[106] 高君宇,杨小汕,张天柱,等.基于深度学习的鲁棒性视觉跟踪方法[J].计算机学报,2016,39(7):1419-1434.

[107] 李庆武,朱国庆,周妍,等.基于特征在线选择的目标压缩跟踪算法[J].自动化学报,2015,41(11):1961-1970.

[108] MEI X,LING H B.Robust visual tracking using L1 minimization[C]//2009 IEEE 12th International Conference on Computer Vision.Kyoto,Japan.IEEE,2009:1436-1443.

[109] ZHANG T Z,GHANEM B,LIU S,et al.Robust visual tracking via multi-task sparse learning[C]//2012 IEEE Conference on Computer Vision and Pattern Recognition.Providence,RI,USA.IEEE,2012:2042-2049.

[110] 胡良梅,王健,张骏,等.正例投票下的 L1 目标跟踪算法[J].中国图象图形学报,2016,21(11):1483-1491.

[111] 阚建飞,任永峰,翟继友,等.基于稀疏模型和 Gabor 小波字典的跟踪算法[J].南京大学学报(自然科学),2019,55(1):85-91.

[112] 费博雯,邵良杉,刘万军.基于子区域匹配的稀疏表示跟踪算法[J].计算机工程与应用,2017,53(9):201-207.

[113] MEI X,LING H B,WU Y,et al.Efficient minimum error bounded particle resampling L1 tracker with occlusion detection[J].IEEE transactions on image processing,2013,22(7):2661-2675.

[114] ORON S,BAR-HILLEL A,LEVI D,et al.Locally orderless tracking [C]//2012 IEEE Conference on Computer Vision and Pattern Recognition.Providence,RI,USA.IEEE,2012:1940-1947.

[115] WANG N Y,LI S Y,GUPTA A,et al.Transferring rich feature hierarchies for robust visual tracking[J/OL].http://arxiv.org/pdf/1501.04587.

[116] MA C,HUANG J B,YANG X K,et al.Hierarchical convolutional features for visual tracking[C]//2015 IEEE International Conference on Computer Vision (ICCV).Santiago,Chile.IEEE,2015:3074-3082.

[117] HONG S,YOU T,KWAK S,et al.Online tracking by learning discriminative saliency map with convolutional neural network[EB/OL].2015:

arXiv:1502.06796.http://arxiv.org/abs/1502.06796

[118] WANG L J, OUYANG W L, WANG X G, et al. Visual tracking with fully convolutional networks[C]//2015 IEEE International Conference on Computer Vision (ICCV). Santiago, Chile. IEEE, 2015:3119-3127.

[119] NAM H, HAN B. Learning multi-domain convolutional neural networks for visual tracking[C]//2016 IEEE Conference on Computer Vision and Pattern Recognition (CVPR). Las Vegas, NV, USA. IEEE, 2016: 4293-4302.

[120] CHATFIELD K, SIMONYAN K, VEDALDI A, et al. Return of the devil in the details: delving deep into convolutional nets[C]//Proceedings of the British Machine Vision Conference 2014. Nottingham. British Machine Vision Association, 2014.

[121] HARE S, GOLODETZ S, SAFFARI A, et al. Struck: structured output tracking with kernels[J]. IEEE transactions on pattern analysis and machine intelligence, 2016, 38(10):2096-2109.

[122] YANG L X, LIU R S, ZHANG D, et al. Deep location-specific tracking [C]//Proceedings of the 25th ACM international conference on multimedia. Mountain View California USA. ACM, 2017.

[123] DEKEL T, ORON S, RUBINSTEIN M, et al. Best-Buddies Similarity for robust template matching[C]//2015 IEEE Conference on Computer Vision and Pattern Recognition (CVPR). Boston, MA, USA. IEEE, 2015: 2021-2029.

[124] HONG Z B, CHEN Z, WANG C H, et al. MUlti-store tracker (MUSTer): a cognitive psychology inspired approach to object tracking [C]//2015 IEEE Conference on Computer Vision and Pattern Recognition (CVPR). Boston, MA, USA. IEEE, 2015:749-758.

[125] ZHANG J M, MA S G, SCLAROFF S. MEEM: robust tracking via multiple experts using entropy minimization[C]//European Conference on Computer Vision. Cham: Springer, 2014:188-203.

[126] GAO J, LING H B, HU W M, et al. Transfer learning based visual tracking with Gaussian processes regression[C]//European Conference on Computer Vision. Cham: Springer, 2014:188-203.

[127] HENRIQUES J F, CASEIRO R, MARTINS P, et al. High-speed tracking with kernelized correlation filters [J]. IEEE transactions on pattern

analysis and machine intelligence,2015,37(3):583-596.

[128] DANELLJAN M, HAGER G, KHAN F S, et al. Discriminative scale space tracking[J].IEEE transactions on pattern analysis and machine intelligence,2017,39(8):1561-1575.

[129] 郭继峰,郑红星,贾涛,等.异构无人系统协同作战关键技术综述[J].宇航学报,2020,41 (6):686-696.

[130] 赵云云.部分可观条件下多无人机协同目标跟踪决策问题研究[D].长沙:国防科技大学,2019.

[131] 李铁锟.基于视觉的四旋翼飞行器地面目标跟踪技术[D].南京:南京航空航天大学,2019.

[132] HUNG S M,GIVIGI S N.A Q-learning approach to flocking with UAVs in a stochastic environment[J].IEEE transactions on cybernetics,2017,47(1):186-197.

[133] CHEN S Y,GUO S S,LI Y J.Real-time tracking a ground moving target in complex indoor and outdoor environments with UAV[C]//2016 IEEE International Conference on Information and Automation (ICIA). Ningbo,China.IEEE,2016:362-367.

[134] LIU D Q,LIU W J,FEI B W.Location-matching tracking under convolutional neural network[J].Journal of electronic imaging,2018,27(5):1.

[135] 刘大千,刘万军,费博雯.局部感知下的稀疏优化目标跟踪方法[J].电子与信息学报,2018,40(2):272-281.

[136] 陈琳,刘允刚.面向无人机的视觉目标跟踪算法:综述与展望[J].信息与控制,2022,51(1):23-40.

[137] OH H,KIM S,TSOURDOS A,et al.Decentralised standoff tracking of moving targets using adaptive sliding mode control for UAVs[J]. Journal of intelligent and robotic systems,2014,76(1):169-183.

[138] ZHANG Z J, YU J L, LI Y Q, et al. A new neural-dynamic control method of position and angular stabilization for autonomous quadrotor UAVs[C]//2016 IEEE International Conference on Fuzzy Systems (FUZZ-IEEE).Vancouver,BC,Canada.IEEE,2016:850-855.

[139] VALIANTI P, KOLIOS P, ELLINAS G. Energy-aware tracking and jamming rogue UAVs using a swarm of pursuer UAV agents[J].IEEE systems journal,2023,17(1):1524-1535.

[140] LIU D Q,ZHU X M,BAO W D,et al.SMART:vision-based method of

cooperative surveillance and tracking by multiple UAVs in the urban environment [J]. IEEE transactions on intelligent transportation systems,2022,23(12):24941-24956.

[141] MUELLER M,SMITH N,GHANEM B.A benchmark and simulator for UAV tracking[M]//Lecture Notes in Computer Science.Cham:Springer International Publishing,2016:445-461.

[142] 王道波,王寅,蒋婉玥,等.基于化学反应优化的多无人机地面移动目标协同观测航迹规划[J].中国科学(技术科学),2015,45(6):583-594.

[143] 李猛,王道波,盛守照,等.基于加权 k-均值聚类与粒子群优化的多航迹规划[J].系统工程与电子技术,2012,34(3):512-516.

[144] LIU J C,WU Z X,YU J Z,et al.Cooperative target tracking in aquatic environment using dual robotic dolphins[J].IEEE transactions on systems,man,and cybernetics:systems,2021,51(8):4782-4792.

[145] HE L,AOUF N,SONG B F.Explainable Deep Reinforcement Learning for UAV autonomous path planning[J].Aerospace science and technology,2021,118:107052.

[146] LIU H,LYU Y F,ZHAO W B.Robust visual servoing formation tracking control for quadrotor UAV team[J].Aerospace science and technology,2020,106:106061.

[147] COUTURIER A,AKHLOUFI M A.A review on absolute visual localization for UAV[J].Robotics and autonomous systems,2021,135:103666.

[148] WHITE I,CURRY E,BORAH D K,et al.An optical spatial localization algorithm using single temporal difference image sensor [J]. IEEE sensors letters,2019,3(3):7000404.

[149] JIANG X H,LI N,GUO Y,et al.Localization of multiple RF sources vi a priori knowledge-aided Bayesian compressive sensing in UAV-based WSN[J].IEEE communications letters,2021,25(12):3848-3852.

[150] LIU Y H,WANG H L,FAN J X,et al.Control-oriented UAV highly feasible trajectory planning:a deep learning method[J].Aerospace science and technology,2021,110:106435.

[151] JIANG X H,LI N,GUO Y,et al.Localization of multiple RF sources based on Bayesian compressive sensing using a limited number of UAVs with airborne RSS sensor[J].IEEE sensors journal,2021,21(5):7067-7079.

[152] MEN T,LIU D Q,ZHU X M,et al.Cooperative localization method of UAVs

for a persistent surveillance task[C]//2021 7th International Conference on Big Data and Information Analytics (BigDIA).Chongqing,China.IEEE,2021:456-463.

[153] LIU D Q,BAO W D,FEI B W,et al.Multi-UAV cooperative obstacle avoidance and surveillance in intelligent transportation[C]//2021 IEEE 20th International Conference on Trust,Security and Privacy in Computing and Communications (TrustCom).Shenyang,China.IEEE,2021:1013-1020.

[154] WANG Z B,MCDONALD S T.Convex relaxation for optimal rendezvous of unmanned aerial and ground vehicles[J].Aerospace science and technology,2020,99:105756.

[155] XU X C,CHEN Z X,GUO J X,et al.Collaborative localization of aerial and ground mobile robots through orthomosaic map[C]//2020 IEEE International Conference on Real-time Computing and Robotics (RCAR).Asahikawa,Japan.IEEE,2020:122-127.

[156] 王宣.机载光电平台稳定跟踪系统关键技术研究[D].北京:中国科学院大学,2017.

[157] 屈耀红,张峰,谷任能,等.基于距离测量的多无人机协同目标定位方法[J].西北工业大学学报,2019,37(2):266-272.

[158] 李箫.基于系留式无人机的空地协同建图方法研究[D].绵阳:西南科技大学,2023.

[159] REDMON J,FARHADI A.YOLOv3:an incremental improvement[J/OL].http://arxiv.org/pdf/1804.02767.

[160] REDMON J,DIVVALA S,GIRSHICK R,et al.You only look once:unified,real-time object detection[C]//2016 IEEE Conference on Computer Vision and Pattern Recognition (CVPR).Las Vegas,NV,USA.IEEE,2016:779-788.

[161] LI Y,ZHU J K.A scale adaptive kernel correlation filter tracker with feature integration[M]//Lecture Notes in Computer Science.Cham:Springer International Publishing,2015:254-265.

[162] DANELLJAN M,VAN GOOL L,TIMOFTE R.Probabilistic regression for visual tracking[C]//2020 IEEE/CVF Conference on Computer Vision and Pattern Recognition (CVPR).Seattle,WA,USA.IEEE,2020:7181-7190.